# 等等灵魂

注：这是巴黎城市建筑博物馆大门对面广场的一座雕塑，展现人生长河中的一种景象，它让我想起北美印第安人的一句名言——“不要走得太快，要等等灵魂”。

献给

热爱自然科学博物馆事业的朋友们

# 域外博物馆印象

徐善衍 著

中国科学技术出版社
·北 京·

**图书在版编目（CIP）数据**

域外博物馆印象／徐善衍著. —北京：中国科学技术出版社，2018.3（2019.4重印）
ISBN 978-7-5046-7971-0

Ⅰ.①域… Ⅱ.①徐… Ⅲ.①自然历史博物馆—概况—世界 Ⅳ.①N281

中国版本图书馆CIP数据核字（2018）第034761号

---

**责任编辑** 王晓义
**封面设计** 周新河　程　涛
**版式设计** 潘通印艺文化传媒·ARTSUN
**责任印制** 徐　飞

---

**出　　版** 中国科学技术出版社
**发　　行** 中国科学技术出版社发行部
**地　　址** 北京市海淀区中关村南大街16号
**邮　　编** 100081
**发行电话** 010-62173865
**传　　真** 010-62173081
**投稿电话** 010-63581202
**网　　址** http://www.cspbooks.com.cn

---

**开　　本** 710mm×1000mm　1/16
**字　　数** 160千字
**印　　张** 11.5
**印　　数** 3001—6000册
**版　　次** 2018年3月第1版
**印　　次** 2019年4月第2次印刷
**印　　刷** 北京盛通印刷股份有限公司

---

**书　　号** ISBN 978-7-5046-7971-0/N·237
**定　　价** 48.00元

---

# 序 中国视角下的域外博物馆印象

徐善衍老师的这本《域外博物馆印象》的书稿，终于艰难地完成了。徐老师嘱我为此书写一个序，这实在是件令我颇为做难之事，因为，后学为前辈和领导之书写序，显然并非得当之举。但我还是硬着头皮应了下来，因为我毕竟很了解这部著作的诞生过程，以此序向读者介绍一些作者不便多说的背景，让读者更加了解此书的价值，对于作者，对于此书，对于中国科技博物馆的发展以及对于中国的科学传播工作，可能还会有些许意义。

这部书应该说是很有一些特殊性的。首先，作者身份的特殊。徐善衍老师原学习邮电专业，曾在邮电系统工作多年，后调到中国科学技术协会，任党组副书记、副主席，还曾任全国政协教科文卫体委员会副主任。退休之后，又曾担任中国自然科学博物馆协会理事长。从2005年起，受聘为清华大学兼职教授，至今在中国科协—清华大学科学与技术传播普及研究中心任理事长职务。他在中国科协长期担任领导职务，对科普工作从领导者的角度有一般科普工作者和研究者所不具备的领悟与管理经验，也因而具备了对中国科普工作特殊的理解方式和对现实的全面把握，更是直接主抓了许多重要的科普项目，例如，他是《中华人民共和国科学技术普及法》起草工作的直接参与者和领导者之一，也是中国科学技术馆的筹建参与者和领导者。在退休后，主管中国自然科学博物馆协会期间，对国内科技馆的现状和问题有了更多的了解与思考。国内能以这样的背景来写作这样一本书的作者，难觅他人。

其次，是作者思想观念、立场和思考方式的特殊。虽然作者具有一般人难以具备的背景，但从他退休以来，尤其是任清华大学兼职教授之后，开始向学者观察和思考问题的立场转变，而不是仅仅继续保持着原有的领导的特色。许多人在与他的交流中，可以明显地感觉到他的学者的风格和思考方式，经常会提出一些颇为深刻但又独特的观点，同时又具备对重大问题和大事全面、综合把握的格局。

再次，是在作者经历的丰富和视野之广阔上的特殊性。无论作者在就任领导职务时还是在退休后，仍然一如继往地投身于科普、特别是科技馆问题的研究，特殊的经历和身份使他有机会亲自考察国内外众多的科技馆。目前，就亲自考察过的国内、国外科技馆的数目来说，他差不多可以说是国内第一人了。这样的考察经历，自然也形成了对全球科技博物馆现状的认识以及相比之下反衬出国内科技馆存在的问题。从而，这样的考察印象也就更有了针对中国科技博物馆存在问题的特殊指向和参考借鉴价值。

最后，是作者对于国内科普工作和科技馆事业的献身精神。徐老师现在已经年过七十，但他却依然不甘清闲，日常工作的紧张程度丝毫不亚于年轻人。现在国内各科技馆从筹建规划，到调整完善，几乎都要请他作咨询专家，而徐老师也几乎逢请必应，继续奔波于国内外众多科技馆。也正因为这种忙碌，使此书的最后完成一拖再拖。不过，好在现在终于完稿，可以与读者见面了。

以徐善衍老师的经历、身份、见识和年龄，他并没有像许多老干部那样去安享晚年，去撰写个人回忆录，而是把他在考察国外众多科技博物馆和其他博物馆的心得整理总结出来，这是非常珍贵的、难得的信息和反思。从以上介绍的情况来说，这本书对中国科技馆未来发展的借鉴意义，也就显而易见了。

刘兵

2017年12月4日，于清华大学荷清苑

# 自序 走入博物馆之门

这是我去国外考察博物馆（主要是自然科学博物馆），边看、边想、边记，后期又“反刍”形成的一部集子。它反映了我的一种关注和追求：世界的博物馆是怎样的，它们的发展状态和趋势如何？我试图在此从陈列的世界维度里思考和发现中国的奇迹。

1996年初，职业上的一次变动，使我有机会进入了自然科学博物馆的世界，至今已过去20余年。其间，我接触了国内各省市不同层面上的场馆建设和运营管理工作，也考察了东西方多个国家的各类博物馆，并与不少国内外同人建立了良好的工作与学术方面的互动关系，彼此间为追求同样的价值目标——如何为本国或各自地区建设一座最好的科学博物馆而思考和努力。这使我后半生与博物馆事业结下了不解之缘，也成了生命中的一大幸事。从某种意义上说，走入博物馆之门如同进入一所大学。在这个让人人都可以终身学习的地方，从科学的视角认知神秘的大自然，理解熟悉而又陌生的当代社会生活，不断追随科技与社会的进步，也畅想着未来。在倡导科学与人文、艺术相融合的时代，我们与公众一起在对本真、至善和大美的追求中，提升着应有的智识和社会责任感，可谓不亦乐乎！

但走在科学博物馆发展的路上，心中也常有一些不安和遗憾。因为经历并不能使我对如何建设一座优秀的现代科学博物馆做到胸有成竹。在博物馆的丛林中穿行，虽然见到的“树木”多了，却往往会产生“不识庐山真面目，只缘身在此山中”的感觉。这种感觉并不是迷路，因为迷路总可以问询他人或者等到夜幕寻找北斗。事实上，任何一座博物馆的建设，都没有一条现成的道路可走，它们都应该成为同类中的唯一而不是已有的重复，因此必须要有自己的选择和探索，走出一条呈现自己特色的创新发展之路。在域外，我们见到的博物馆几乎都是这样，其建筑风格、展教内容与形式的确定，大多取决于不同的地域、历史和当代的文化特征，也无不显现了决策者对现代博物馆不同的理解、智慧和判断，这也与我国目前“众馆一面”的现象形成了明显对照。

我认为，中国的科学博物馆发展经过一个彼此学习模仿的阶段后，必将走上自主创新发展的道路，也只有到这个时候，属于中国科学博物馆的时代才真正开始！

正是怀着这样的信念，作为一名科学博物馆忠诚的粉丝和建设者，我走出国门，开始了学习、考察和工作之旅，并有了以下的文字。对此，我需要说明的是，据有关资料介绍，全世界共有各类博物馆50000余座，我只不过去了其中的千分之三四，这是一个微不足道的数量；所到之处，我竭力争取与博物馆的管理者进行交谈，这是彼此间难得的观念、思想与工作上的交流与碰撞，每次也都留下了深刻的记忆；多是从甲地到乙地一路奔波似的参观，随时把感触至深处或没有看明白的地方记录下来，这倒给自己留下了一些思考的空间。这也让我想到一个文学青年，要习作，首先要有相当的阅读量，其间也不必求见每一部文本的作者。都是干着同一个行当，其中的奥妙就看每个人的不同悟性和理解了。

我能够看到的域外博物馆毕竟十分有限，所思所感也难免有些片面，但还是要把看到的和想到的写出来，仅作为一种形式上的交谈和研讨吧，最终目的是把中国的科学博物馆建设得更好。

# 目　录
CONTENTS

## 东瀛探幽

## 他山之石

## 末篇

## 后记

# 北美掠影

# 博物馆的“生态”

据介绍，美国拥有各类博物馆近万座，其数量与种类为世界之首，我们考察的重点是其中不到20%的自然科学类博物馆。

美国科技馆有多种叫法：科技博物馆（science and technology museum）、科学中心（center）、探索馆（exploratorium），还有科学厅（hall of science）、科学苑（academy of sciences，图1）等。我们到西雅图的时候，计划去当地的历史与工业博物馆看看，但询问了几个人都说没听说过这个馆。经过一番周折，才发现原来它被称为“MOHAI”，即“Museum of History and Industry”中的5个关键词的第一个字母集合成了这座博物馆的名称（图2—图4）。

图1 加利福尼亚科学苑

图2 西雅图历史与工业博物馆

图3 西雅图历史与工业博物馆中的展品反映了工业革命给当地经济带来的变化

图4 西雅图历史与工业博物馆中的展品反映了工业革命给当地生活带来的变化

在与旧金山探索馆新馆建设的总负责人亚当·托宾（Adam Tobin）交谈时，我问他："这些不同名称的科技馆区别在哪里？"他说："我认为这都是为了与别人不同。每个馆都要做出自己的特色，也在不断改变着自己的过去。探索馆的创始人弗兰克·奥本海默去世前反复要求我们一定不要跟他做同样的事情，要继续发展就要不断创新。"

托宾的话深深触动了我们。这是我第三次来到探索馆（图5），发现这里又增加了"生命科学""海洋与城市文明"等主题展区，新增的18：00—22：00夜场展示，也受到了成年观众的普遍欢迎。同样，原本以"自然演化"为主题的加利福尼亚科学苑如今面貌一新，增加了"地球家园""水的世界""宇宙"以及"生命演化"等展厅；西雅图历史与工业博物馆则揭示了后工业时代人们面临的诸多问题；等等。我曾在与美国一家科学中心负责展览内容建设的主管交谈中，对另一家相邻的科技馆表示了赞赏之意，而对方的回应令我惊讶，他说自己有意没有去看，生怕他们的展示方案干扰了自己的设计思路。这一切，或许就是美国自然科学博物馆的多样性及其发展生态吧。特别让我羡慕的是，本

图5 旧金山探索馆的室内公共空间

次所去10座城市的自然科学博物馆几乎都在市中心，并有着吸引公众的良好空间环境，使科技馆成为了大众日常生活中不可缺少的部分，也让我们感受到一种文化的软实力，这难道不是现代城市生活应有的一种生态吗?

这里也需要说明的是，美国自然科学博物馆发展过程的多样性，并不意味着每个馆的独立和分散，相反，差异化的探索与创新，促进了博物馆事业的竞争与共同发展。最近得知，刚刚在新墨西哥州闭幕的科学技术中心协会大会（Association of Science and Technology Center，简称ASTC）上，全美各类自然科学博物馆的近百位代表发表了各自的学术观点，也展示了各馆不同的创新展项。

中外比较，让我感慨万千。中国自然科学博物馆事业在短短的30年里，已经出现了一个蓬勃发展的大好局面。这是世界的奇迹，但不能不说我们只是刚刚走过了一条“西学东渐”、彼此模仿的路子，面对一些国家各具特色、竞相发展的景象，让我想到先哲老子的名言：“道可道，非常道；名可名，非常名。”也从中看出，中国社会发展的大好形势以及可资借鉴的国内外经验，为中国自然科学博物馆的创新发展拓展了多么广阔的空间啊!

# 与时俱进是科技馆的生命

在美国，穿行在各类博物馆之间，如与多年未见的老朋友会面，让我兴奋，也不禁感叹时光带来的变化。这些变化中，又有两类博物馆在我心中形成了明显的对比。

一类是艺术博物馆。从华盛顿、费城、波士顿到纽约，那些举世闻名的艺术馆让我确信人类的生活和文明需要有艺术这种特有的表达形式，而且它们永远是那样美好、沉静和长寿。数十年，我三次进入美国国立艺术博物馆，总会看到川流不息的人流，人们探寻着达·芬奇、米开朗基罗、莫奈、毕加索、梵高等大师的画作，乐此不疲地欣赏着那些永恒的、跨越时空的艺术之美。

另一类就是科技博物馆。这里几乎与艺术馆大相径庭，与10年前相比，现在的景象已有了很大的变化。特别是工业技术类博物馆里展示的20世纪四五十年代的工业产品已很少有人光顾。如美国东海岸最早出现的工业城市——巴尔的摩，那里的工业博物馆和世界著名的铁道博物馆，早已失去了昔日的光彩，空旷而冷落的展示大厅显示了当地工业的衰退（图1）。在西雅图，个人的专业情结牵引我一定要看看那里的电信博物馆，遗憾的是在这个每周只开馆一天的专业博物馆，我们只见到了一位参观者。我还注意到在这里从事管理服务的七八位工作人员都是六七十岁的长者。看到面前的情景，想起从前自己与这些机器设备厮守5年的工作经历，心中不免徒生几分伤感，也在反思：这些当年的“功臣”在完全失去原有的使用价值之后，如何在现代科技博物馆里派上用场呢？

实际上，我们在参观过程中逐步找到了一些答案。从西雅图电信博物馆、飞机博物馆到芝加哥科学与工业博物馆，从巴尔的摩铁道博物馆、工业博物

图1 被冷落的巴尔的摩铁道博物馆

馆再到同在一市的马里兰州科学中心，都让我们感受到一种明显的反差，看到现代科技博物馆蓬勃发展的局面，也给我们带来了如下几点启示。

（一）作为一座专业博物馆，西雅图飞行博物馆显然是成功的，受到了公众的欢迎。它与中国同类博物馆相比，也有其诸多优秀和创新之处：其一，展示内容十分丰富（图2）。在这里可以看到世界各国曾有的多种机型、航空发展史以及波音飞机制造车间和组装生产线。其二，坚持科技与人文结合。不只是呈现物件，也重视历史事件和相关人物的再现，运用多媒体情景化地讲述一些感人的故事。这种表现形式也在多个博物馆中可以见到。我认为内容设计做到了见物、见人、见精神、见智慧。其三，专业博物馆不只是展示过去，更关注现实和未来。在“飞机制造未来中心”展厅里，突出关注三大问题：如何利用新能源、如何利用新材料和如何适应社会发展的需要。

从这些意义上讲，比起综合类博物馆，专业科技博物馆的展示内容和教

图2 西雅图飞行博物馆琳琅满目的展品

育意义更深刻，更具方向性。

（二）1933年建立的芝加哥科学与工业博物馆、1857年建立的英国科学博物馆和1903年建立在慕尼黑的德意志科技工业博物馆是同享世界声誉的综合类科技博物馆。相隔10余年，我又一次进入芝加哥科学与工业博物馆的大厅，依然看到人头攒动、观众如潮的场面（图3）。是什么原因使这座老牌博物馆永葆青春呢？我花半天的时间参观以后，得出的结论是：它像一位明星，在世界科技博物馆的舞台上已有了一个华丽的转身，在展教内容和形式上实现了综合类科技博物馆与当代科学中心的完美融合。

（三）在巴尔的摩这座不大的城市里，公众（特别是少年儿童）的目光和脚步，早已从工业博物馆和铁道博物馆转向了马里兰州科学中心。我认为这种变化的原因很简单，就是人们不可能重复参观工业发展过程中遗留下的静态器物。至于为什么会反复到科学中心去，则因为那里是公众从事科学活动的地

图3 今日，历史悠久的芝加哥科学与工业博物馆仍然人头攒动

方，从漫步参观到兴趣体验，正是当代科技馆（美国多称为科学中心）的突出特点。

可以说，各类博物馆都有一个发展过程。其中，科技博物馆的时代性最为突出，与时俱进是科技博物馆的生命。今天，我们置身在这项事业的潮流之中，已经看到了“沉舟侧畔千帆过，病树前头万木春”的景象。

# 难忘泰坦尼克号百年文物展

在旧金山的候机厅里，准备搭乘新航班的几位同事自然谈论起已看过的十余家博物馆。其中，让我惊奇的是，大家竟不约而同地对拉斯维加斯的“泰坦尼克号百年文物展*（Titanic: the Artifact Exhibition）”赞不绝口。一个展示面积1000平方米左右的小型展览，究竟是凭什么给每个人留下了如此深刻的印象呢？

我回忆着参观这个展览的情景，仿佛一切就在眼前：

参观是分场次的，并不是随到随进。我们买到门票，幸运地赶上了入场时间，经过一位乘务员打扮的工作人员验票，依次步入馆内。值得一提的是，展览的门票是一张印有当年乘客姓名的船票（图1）。在这里，看不到传统博物馆惯有的前言与序厅，仿佛来到一个高级邮轮的客舱。此时，汽笛响起，舷窗外的景色缓慢移动，好似坐在泰坦尼克号上驶出了海港。晚霞逐渐消失，客舱里播放着悦耳的古典音乐，邮轮很快进入了夜间航行。

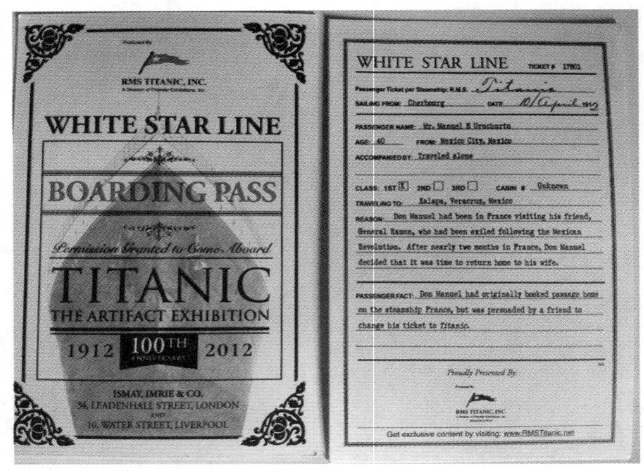
RMS TITANIC, INC.
WHITE STAR LINE
BOARDING PASS
Permission Granted to Come Aboard
TITANIC
THE ARTIFACT EXHIBITION
1912 100TH 2012
ISMAY, IMRIE & CO.
34, LEADENHALL STREET, LONDON
AND
10, WATER STREET, LIVERPOOL

WHITE STAR LINE TICKET# 17801
Passenger Ticket per Steamship: R.M.S. Titanic
SAILING FROM: Cherbourg DATE: 10/April 1912
PASSENGER NAME: Mr. Manuel E Uruchurtu
AGE: 40 FROM: Mexico City, Mexico
ACCOMPANIED BY: Traveled alone
CLASS: 1ST [X] 2ND [ ] 3RD [ ] CABIN #: Unknown
TRAVELING TO: Xalapa, Veracruz, Mexico
REASON: Don Manuel had been in France visiting his friend, General Ramon, who had been exiled following the Mexican Revolution. After nearly two months in France, Don Manuel decided that it was time to return home to his wife.
PASSENGER FACT: Don Manuel had originally booked passage home on the steamship France, but was persuaded by a friend to change his ticket to Titanic.
Proudly Presented By
RMS TITANIC, INC.
Get exclusive content by visiting: www.RMSTitanic.net

图1 仿制船票的展览门票

服务员开始带领我们参观这艘当时全球顶级的豪华客轮，一一介绍了精美的瓷器、考究的餐具等，处处彰显着20世纪初期大英帝国的繁荣与气派（图2）。

图2 展厅一景

突然，传来客轮与冰山相撞的声音，灯光熄灭，1912年4月12日震惊世界的泰坦尼克号邮轮海难发生了！我们被引入一个亮度较低的展厅里，屏幕播放着沉船事故的整个过程。周围展示着船体的遗物：功率为36750千瓦（5万匹马力）的主机往复式蒸汽机部件；构成260米长、28米宽、11层楼高的船体钢板以及不同舱位间的楼梯、黄铜与大理石兼用的装饰等。这些都让参观者无不感叹人类科技与艺术的得意之作在大自然面前经历的悲惨遭遇。

人们缓缓地走出展室，像是送别一位伟大的逝者。这时，一个庄重长者走过来很有礼貌地说：先生（或称女士、小姐），我可以看看你买的船票吗？当参观者诧异地把船票递了过去，他看了一眼后分别用不同语气和表情说：我可以告诉您，当年购买这张船票的游客还活着（或是不幸遇难了）。此时的参观者再一次受到了情感与心灵上的冲击。到了展厅的出口处，人们可以看到一行醒目的结束语：我们都是泰坦尼克号上的乘客（We are all passengers of the Titanic）。这是一个寓意多么深刻的警示！

显然，“泰坦尼克号百年文物展”是一个能拨动人心弦的成功展示。我想，它的成功之处在于如下三个方面。

（一）这项专题展的选题具有极强的社会典型性和公众欲知性。据媒体报道，在泰坦尼克号刚下水时，有相关人员曾宣称：就是上帝亲自来，也弄不沉这艘船。然而，这艘“永不沉没”的巨轮却沉没了，虽然已有相关电影在全世界上映，但人们仍然有一种对历史的追思和一探究竟的心理。

（二）项目的设计者相当高明，他们不是让参观者被动地听或看，而是巧妙地运用了实物、音响、灯光以及影像的结合，让观众走入情境之中体验事件与历史的真实性，着力实现展览与观众在思想层面上的互动。

（三）展览不只是讲述过去的故事，而是采取隐喻或是转喻的手法，在展示的结尾去触及人们心灵的底线和社会现实，让人们对人类与自然、个人的生与死以及人类的命运进行思考，使展示效果升华到了世界观与人生观的高度。

# 软实力的象征与地位

我把一个国家或地区的公共文化服务设施称为其软实力的象征。各类博物馆的建筑及其在城市里的位置就是这种形象的标志，也是每座城市递给游人或来访者的一张张名片。在这张无形的名片上，似乎都写明了联络的方式和所在的区位，并希望与越来越多的人保持联系，前来光顾。在美国考察过几十家博物馆以后，我猜想博物馆的策划决策者们可能都明白这张“名片”的接受者是广大民众和国外游人，因此在建筑选址、设施功能、资源集成等方面都做了方便大众的考虑。实际上，也是最有效、最大限度地传播了文化，彰显了一个国家或地区的软实力。

面对美国这个号称拥有近万座各类博物馆的国家，我们在他们的建设规划方面看到了什么？虽然呈现在面前的仅是些现象，但也值得我们思考：

第一，我们所见到的博物馆多是建在交通便捷、人流汇集之地。比如享有盛誉的旧金山探索馆，于20世纪60年代始建于一个艺术园林之中。现在，这个馆原建筑的50年使用期已过，政府又将金门大桥附近游人如织的第15号渔人码头划归了探索馆（图1）。而这座城市的艺术馆和另一座科技馆（academy of science，也译为科学苑），同建在市区的一个中心公园之中。同样，纽约、波士顿、费城、巴尔的摩、洛杉矶等城市的科学中心几乎都建在方便市民往来的地段。

图1 第15号渔人码头划归的探索馆

第二，力求集成资源，极力打造城市的文化氛围。我们知道美国哪个城市是政府机关集中地，哪个城市是金融中心、硅谷、波音飞机生产基地等，但这些对绝大多数公众和国外游客来说仅是个概念或者符号而已，无法深入其中。实际上，各类文化设施才是人们能够接触到的东西。例如，在华盛顿，从国会山到林肯纪念碑之间，有一个国家广场，两侧布满了艺术博物馆、历史博物馆、自然史博物馆、印第安博物馆、航空航天博物馆、雕刻艺术馆、史密森博物馆等（图2）。站在这里极目远望，人们会深刻地感到四处弥漫着的国家的文化软实力。

图2 在华盛顿国家大道两侧布满了各类博物馆

第三，因地制宜，创建多元化多彩的展教文化。我们在拉斯维加斯见到的机场科学中心、胡佛大坝展馆、硅谷的计算机博物馆、华盛顿的邮政博物馆、西雅图的飞机博物馆还有好莱坞电影城的开放式场景展示等，都是以相关部门为主体的管理模式，发挥着多样科学文化的展教作用。据了解，在美国近万座博物馆中，面积少者几百平方米甚至几十平方米，多数不足1万平方米，政府对建馆的规模并没有限制。洛杉矶郊区的儿童馆更是令人羡慕，它的建筑虽然不足2000平方米，但室外为儿童提供的活动设施丰富多彩，活动场地至少在10万平方米以上（图3、图4）。站在这个馆门前，透过室外展项的空间可以看到200多米远处的草地高坡上，一群孩子一次次抱头滚下又跑回高处，一些家长也参与其中。这里处处洋溢着科学、人文与自然融合的气息。

图3 洛杉矶儿童博物馆活动场（1）

图4 洛杉矶儿童博物馆活动场（2）

# 博物馆
# 是自身创新发展的主体

在美国西屋公司，公司负责人马克先生听说我们的下一个日程是到旧金山探索馆进行考察，立即提出要与我们同去看看新探索馆的建设情况。这让我感到很诧异，西屋公司是世界著名的设计公司之一，他们在我国几家科技馆的内容建设中都有不俗的表现，难道也未能取得与同在旧金山市的探索馆合作的机会吗?

第二天，在探索馆的接待室里，新馆项目负责人亚当·托宾先生告诉我们：这次迁至新馆，有450件老展品继续在新馆里使用，只是进行了必要的维护和改造；同时又增添了150件新展品。完成这些任务，除了少数部件委托给社会企业加工外，其他制作工作都是由自己的研发人员承担。他在回答“为什么没有请设计公司介入”时说，因为探索馆经过40年的历程形成了一个基本的认识，公众需要什么样的展品，只有他们自己才最有发言权。

类似于旧金山探索馆，上述情况在世界各地尤其是较优秀的科技馆是随处可见的。2014年年初，我看到安大略科学中心用3年多时间，完全依靠自己的力量完成了对两个主题展厅的更新改造任务（图1）。我也听德意志博物馆、瑞士科学中心、名古屋科技馆等一些知名博物馆的负责人介绍，他们的展示内容能够做到不断创新发展，都是坚持以本馆为主导并与相关设计制作公司进行有效合作的结果。当我们进入美国核能博物馆、东京三菱未来技术博物馆以及丰田博物馆等一些专题科技博物馆时，人们都会明显地感到，相关内容如果没有当年创业者的参与，如果没有当代一批科技工作者参加到博物馆的内容设计制作工作中来，这类专题科技博物馆是不可能取得成功的。这些不同的科技馆也让我看到一个共同的特点：科技馆的创新发展可能都离不开三大要素，即馆方的努力、科技工作者的贡献和设计制作单位的参与。这三者又是什么关系呢？我想，这如同我国企业的创新发展需要推进“产学研”相结合一样，在三者相结合的过程中，国家明确提出：企业是技术创新的主体。同样的道理，科技馆也应该成为自身创新发展的主体。

图1 安大略科学中心展品创新工作室

但是，近20多年来，我国科技馆事业的发展基本还处于边建设边培养队伍的状态。科技馆的内容建设模式多是业主提出概念化的建馆理念和基本要求，然后通过邀标或竞标的方式，由选定的公司提出概念设计、初步设计和深化设计方案，并由公司进行展品的制造和展厅的布局。这种甲乙双方的委托关系，业主实际上未能站在科技馆建设的主导地位上。实践证明，这种做法也建设不出一流的科技馆。存在这种情况的一个主要原因是，我国科技馆还普遍未能形成一支具有自主研发创新能力的队伍。

那么，这支队伍又该如何加快培养呢？我在与美国探索馆馆长丹尼斯和加拿大安大略科学中心刚卸任的主任莱斯莉女士分别进行的两次交谈中，思考他们涉及上述问题的一些见解和做法，可能对我们会有所帮助。丹尼斯谈道，每年录用的大学毕业生，他们必须曾在探索馆当过志愿者，这是一个不能忽视的条件。这些人进馆以后我们允许他们在几年内每周用一到两天时间在社会上自由选择第二职业，主要目的是让他们能接触大众、体验生活，并鼓励他们在馆内主动与参观者沟通和交流，并积极参与每一项展品的设计制作。我们每年都会安排一笔创新资金，平均每人300美元（财务人员除外），要求在半年内提交一个创新建议（或方案）。在探索馆展示的每一件定型展品，都需要试展2—3个月，在充分听取观众意见，并经过馆内评议后才能确定下来（图2、图3）。安大略科学中心的莱斯莉女士说，中心的展品研发团队并不明确谁

图2　旧金山探索馆的科技工作室

是核心成员，而是重视每个人的作用，谁能拿出大家一致赞同的方案，就以谁为中心组成临时研发小组进行工作。关于科技馆的人员晋升，两位负责人都提到，一定要以他们的实际工作情况为依据。

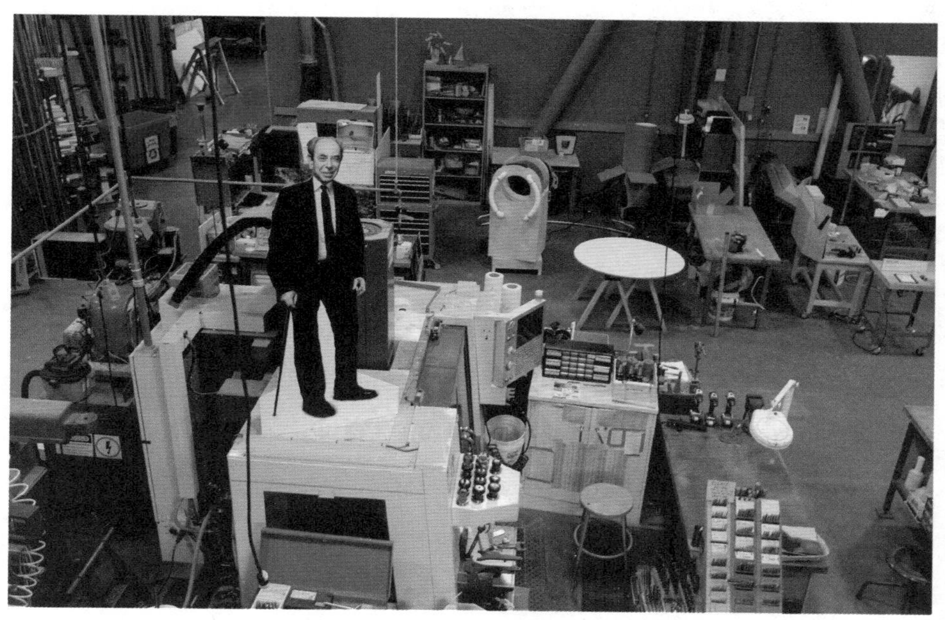

图3　探索馆的管理者对我们说：“奥本海默”永远站在这里看着我们工作

# 从北美看“科技中心”的多维世界

中国式的科技馆在西方多称为“科学中心”，如美国的加利福尼亚科学中心、太平洋科学中心、瑞士国家科学中心、加拿大的安大略科学中心、北方科学中心等。虽然世界上最早（1969）出现的科学中心至今不过50年，但越来越多的国家不以展示藏品为宗旨的公共科学文化教育场所，多采用了“科学中心”这个名称。1973年在华盛顿成立了科技中心协会“ASTC”（The Association of Science-Technology Centers），吸纳并服务于全世界各类科学博物馆。目前，这个协会的成员单位正在快速地向世界各国扩展。

2013—2014年，我先后两次考察了美国和加拿大一些博物馆。回国之后，在我整理考察笔记并思考一时难以理清的各种形式的科技馆时，我欣喜地得到了两本由中国自然科学博物馆协会翻译出版的“ASTC”会刊《维度》，它让我眼前一亮并想到：北美科技中心所表现出的多维世界，不正是反映了当代公共科学文化服务设施应有的本质和特征吗？这也让我思考，美国这个拥有最多博物馆的国家，是怎样面向大众进行科学传播去构建一个多维科学世界的。

## 一、科技中心的组织维度

实际上，我去北美考察所见到的多是“科学中心“，并没见到称为“科技中心”的场馆。但是，为什么相关国际组织要定名为“科技中心协会”呢？也许协会的创建者认为世界的科学类博物馆在其演进的过程中已出现多种形态，而科学中心只是其中一种，科学中心初期的代表性杰作是巴黎发现宫、旧金山探索馆、安大略科学中心等。本来，技术在现代科学类博物馆的馆名中并不一定要格外凸显的，因为科学的概念本身就包含了基础理论科学、技术科学和应用（工程）科学。科技中心协会名称的意义仅在于表明协会拥有的组织维度：它不仅服务科学中心，也服务各类科技工业博物馆、自然博物馆等。

同时，也应注意到，用“中心”的称谓替代“博物馆”之名，表明现代科学中心与以收藏、研究、展示为主要功能的传统博物馆在理念与功能维度上的差异。“中心”的地位展现出与周围世界的一定关系，科技中心，更强调了面向社会大众传播科学文化的引导、辐射与主体作用。

## 二、科技中心的现实维度

北美的科学中心多建立在科技的现实发展与实际应用之中。在科罗娜多河上看胡佛水坝，在旧金山看金门大桥，美国在20世纪上半叶建造的两处著名的基础设施吸引着一批批游人。在那里，我注意到人们停留最久的地方是与设施配套建设的科技馆，参观者从一组组图片、数字和实物展示中，领略了人类与大自然的博弈中表现出的智慧和创造的奇迹。让我没有想到的是，在去往被称为赌城的拉斯维加斯行程中，在不到两天的时间里竟能看到6座博物馆，其中有4座是科技类型的。例如，在拉斯维加斯机场候机大厅的明显处有一个航空博物馆，那里展示着各种飞机模型，传播着航空旅行的各种知识。我估算着，在这座城市看到的博物馆建筑面积大多只有两三千平方米，但它却是美国近万座博物馆家族谱系中重要的组成部分，绝不会因所谓的建筑面积“不达标”而排除在外。

在美国，如果把科技中心生存与发展的维度聚焦到一座城市，西雅图是让我印象最深刻的。可以说，那里的每一座科技馆都与当地的科技、经济发展和社会需求相辅相成。这里有适合少年儿童从事科学活动的著名“太平洋科学中心”，不仅引导孩子们认知自然、掌握基本的科学知识，而且让他们获得衣、食、住、行方面的科学认识。南美蝴蝶园则开设了各种科学趣味活动。历史与工业博物馆真实地反映这座城市从蛮荒进入农耕时代，又进入工业文明的巨大变化，也有当代面对能源、环境以及自然灾害的挑战和对未来的思考；与西雅图这座现代工业城市相适应的有计算机展示中心和电信博物馆。特别是世界著名的波音飞机制造公司与生产基地坐落在这里，来自国内外的大批游人来到这座城市的一项主要参观安排，是进入波音公司通过高处的廊道参观组装飞机的现场。这里也有大型的飞机博物馆和飞机制造未来中心。飞机博物馆展示了世界有史以来的几乎所有的机型，而未来中心重点展示了飞机发动机和涡轮叶片等重点科技成果，也提出了飞机未来发展普遍关注的三大问题：能源、材料以及如何更好地适应社会发展的需要。

### 三、科技中心发展的要素维度

北美科学中心的演变与创新发展，本质上是理念、功能、内容与方式维度上的进化。当我再次进入旧金山探索馆，发现这座几十年以展示物理学中的声光电和力学著称的科学中心，不仅增加了生命科学、心理学、现代城市发展等内容，也引导观众时时关注邻近大海中浮游生物及水质的变化；旧金山的科学馆原本是一座博物学意义上的传统自然博物馆，现在有了丰富的科学内涵，演绎地球家园的变化成为重点；时隔12年后，我又一次参观了世界著名的芝加哥科技工业博物馆，惊奇地发现那里在内容和形式上都融入了大量科学中心的元素；加拿大的安大略科学中心与中小学校建立了更为密切的合作关系……这一切都让我感叹现代的公共科学中心才真正是“人们不可能两次踏入同一条河流”的地方！也让我们思考促使科学中心不断创新发展的背后推手是什么？毫无疑问，是当代丰富多彩的科学社会生活！

今天，科学技术已渗透到了社会生活的方方面面，社会生活的方方面面的科学技术虽然不可能在一个科学中心里全面展示，但丰富多彩的社会生活已成为科学中心创新发展的源泉，描绘出人类现实生活中多维的科学世界。而且，现代科学中心里的世界不再是一个个概念和知识点的解读，也不再是让设计者和参观者把全部的注意力集中在一件展品上，而是重在创造一种情景、氛围，或是打造一个平台，吸引公众带着问题上路或是在已有的知识基础上起步，去学习科学的思想和探索与发现的智慧，掌握必要的科技知识和技能，促进应用层面上的公众理解科学，这是科学中心在追求功能氛围目标过程中的不断拓展和深化。

## 四、科技中心的时空维度

到目前为止，欧洲的历史完整地记录了自然科学博物馆演化的历程。而北美的相关文化无疑是欧洲的传承与发展。在美国的科学类博物馆里，不可能看到在英国、德国等国家才有的第一次、第二次工业革命留下的雄厚物质基础，在加拿大几乎看不到科技工业博物馆，这就是不同国家的历史进程影响着该国科学中心发展的形态，但不能否认的是，美国与加拿大科学中心的发展，表现出了鲜明的时代性特征。这种时代性不只是重视面向儿童的STEM教育，他们也努力把历史与现实和未来联系起来，达到服务当代的目的。如华盛顿航空航天博物馆的内容设计，洛杉矶科学中心对奋进号航天飞机的展示，还有芝加哥科技工业博物馆对第二次世界大战时期俘获德国“505”号潜艇的展示等，他们都力求挖掘物件背后的历史故事，反映美国人勇于探索的智慧和不怕牺牲的爱国精神。这是科学博物馆理念与内容在时间维度上的联接。相反，如同我在本书其他篇章里讲到有的美国科技博物馆面临着的困境与警示：科技工业领域的任何专题或综合类的博物馆，如果只有对历史遗物的收藏和展示，没有与现代科技发展以及现实社会生活的联系，也就丧失了博物馆的存在价值，这可能是科学类博物馆与人文历史和艺术博物馆的最大差异所在。

毫无疑问，任何一个科技中心存在着空间维度问题，或者说任何不同的建筑空间和中心所处的不同地域都影响着科学中心的发展。因为科学中心是大众的科学活动与学习的平台，所以北美各地的科学中心基本都建设在公众特别是少年儿童方便到达的地方，并努力做到建筑内外公共空间的整体开发与利用。在空间利用方面，洛杉矶儿童科学活动中心、加利福尼亚自然博物馆、加拿大的卡尔加里科学中心等都有良好的设计。更需要我们探索的空间维度是科学中心所在的地域历史背景、自然环境条件、人们受教育的程度以及生活习俗等。这些方面在各地都有不同的特点，我们怎样结合现实社会环境与需要把科学中心建设得更具特色，这才是最需要下力气的事情。

最后，需要强调的是现代科学中心的管理维度问题。科学中心是面向大众的公共科学文化服务设施，在管理层面上，如何建造更好的服务体系，北美的成功经验是为公众服务、让公众代表参与管理，即建立理事会管理制度。这也将成为我国科技馆（科学中心）管理体制深化改革的方向。

# 英伦览胜

# 无边界的英国博物馆

暑期在英国考察，从北部城市爱丁堡到南部的布里斯托，一路奔波，只是为了多看几个博物馆。

在走出或是去往博物馆的路上，我回味着刚去过的博物馆的内容和特色，也不时听着身边同行者讲不完的故事，或是看着周边的山林、流水以及人们忙碌与休闲的不同场景。蓦然间，心中涌现一个未曾有过的想法：看过的博物馆如同一个个浓缩了的“世界”，而我们面对的这个真实世界不也是一个创新不断、互动无限的“博物馆”吗！大自然和人类社会已经数百年、千年甚至亿万年打造了这个大而无边的“博物馆”，馆内丰富多彩的内容和特色，无不反映着天地间的律动和人类的文明进程。但谁又能说清这个无边界的“博物馆”未来将是怎样的？我们看到的是各地都在改革、创新和比拼发展着，大自然与人类也在不停地互动着，《矛盾论》预示着地域和人群间的差异在发展中永远存在，人们以各种名目与形式的出游和交流也将形成常态，如同参观不同的博物馆一样。有谁能说当代出现的旅游潮不是民众一批批出游、参观和考察，也是受到异域文明熏陶和影响的过程呢？

从格拉斯哥去约克，两地相距300多千米。途中我们赶到了一个叫“逃婚小镇”的地方休息，这里是苏格兰与英格兰的交界处。司机告诉我们：早年一对相爱的苏格兰男女青年因父母不同意他们的结合而逃婚来到了这里，得到了一个老铁匠的同情和收留，相继又有几对类似情况的年轻人也来到这里安家落户。自此，“逃婚小镇”的名称传开了，年轻人也推动了这里生产、生活需用的铁制品业的发展。现在，这里开辟了一个过往客车的休息区。来到这里，我没有因为看到十四五辆巴士游客70%以上是中国人而惊奇，倒是触及的“专题博物馆”的元素让我感叹不已！停车场四周的草坪上摆放着一些这里曾生产过的农业机械，在小商店里出售着种类繁多的铁制纪念品、工艺品和家庭生活用具，还有一个房屋展示着曾在这个小镇生活过的名人业绩。这些无不彰显和传播着这里的历史、文化和进步，也让人感到“博物馆文化”无不存活于现实的社会生活中。

进入伦敦的第一天，夜宿在剑桥郡的一家小旅馆里，次日从住处出发不到10分钟的车程就来到了皇后街，从这里向北就是知名的剑桥大学国王学院、三一学院等著名学院。因为这里曾工作过和孕育了一批世界级杰出的科学家而显得格外神圣，牛顿的《自然哲学之数学原理》这部具有划时代意义的科学巨著就诞生在这里。在上午9:30左右，主要由中国中学生构成的参观人流，如同朝圣者般相继涌入这条街道（图1）。

图1　在皇后大街上的中国学生参观人流

一位来自中国的青年学生告诉我，他刚参观过达尔文生活和工作过的地方，也一定要到这里看看。现在的三一学院门前左侧有一棵据说是从牛顿家乡移栽过来的苹果树（图2）。当我欲走向树前的时候，听到一位壮实的中国汉子大声召唤他的儿子："快来照相，这就是落下苹果砸中牛顿头的树！"我当时虽然感到这位中国人把300多年前还不一定存在的故事对接到了现实很有些可笑，外国人也一定是听不懂他在喊什么，但他表现了难得的对科学、对科学家的崇敬。同每年寒暑假大批的中国家长陪着孩子进入清华大学、北京大学一样，这种对高尚的追求着实让我们尊重。实际上，剑桥大学为适应这种需求，不也像博物馆的设计者一样，在三一学院门口栽上了一棵新的苹果树吗！

图2 "落下苹果"引发牛顿灵感的苹果树

同样是怀着对知名博物馆的尊崇，我们专程到牛津大学探访了有业内人士认为有"世界首个自然史博物馆"称号的阿什莫林博物馆等三家博物馆，从这里又去布里斯托科学中心，再折返回伦敦不过两天时间，行程很显紧迫。尽管参观计划不能改变，不过收获也确实很大。

按照原定的路线图，我们宁肯多绕两小时的车程也要奔向令世人称奇的“巨石阵”，它吸引着一批批游人赶赴那里（图3）。在一大片旷野的高处，几十块条形巨石巍然兀立或彼此搭起，看不到文字说明，只能引起人们的无尽思考：这些巨石产自何处？远古时期，人们运用什么方式把它们运到了这里，又如何搭建起来？要知道每一块巨石都有数十吨之重！同样，也是怀着一份好奇，我们在途经的巴斯小城停了下来，欣赏着被联合国确定为世界文化遗产的“月形楼”，并走进了“月形楼”前的一大片草坪，与在那里300多位休闲的人们融为了一体（图4）。但是，时间紧，不允许我们在某地久停。在不断行进的汽车里，看着沿途浓郁的绿树、草地、农田，还有洁净的小镇、清澈的小溪，很是令人喜欢。我们同行的人曾在一段路程中约定，看谁能发现道路两侧有碎纸或者被丢弃的塑料袋等垃圾，结果都一无所获，得到的只是赞叹！

图3　巨石阵

图4　巴斯的月形楼

这一切都让我反复思考和看重社会这个无形无边的“博物馆”，对任何国家和地区而言，它才是真正实现历史与现实对接，科技与人文、自然融合的地方。这个地方也是显现一个国家、地区和那里人们的一面巨镜，客人往往都是通过它才能认识这个国家和民众的真实面貌。是的，这是国家的发展和大局，任何一个人、一个部门的作用都是极为有限的，那么作为任何一座人文或自然科技博物馆这样一个很小的世界，怎样为社会的文明和昌盛发挥更好、更大的作用呢？这是我们每个部门、每个人都应关心的事！

# 苏格兰国家博物馆

参观著名的苏格兰国家博物馆，这是我们来到英国的第一项行程。

当送我们的车子离开远去的时候，我才意识到这座博物馆在爱丁堡市到处可见的古朴建筑群中是很有代表性的老式楼房。紧邻马路，看不到一座博物馆应有的停车场和群体参观者集散地等公共空间，也没有中国多数博物馆常见的特殊的建筑造型和楼外标识物。参观的后几天才认识到，英国的博物馆都是这样。当看到不显眼的楼门上方外墙上篆刻着“苏格兰国家博物馆”（National Museum of Scotland）几个大字后，着实让我吃惊不小。这是因为其一，苏格兰的独立建国运动由来已久，只因英政府挽留，苏格兰公决未果。一个地方性博物馆称“国家博物馆”，这是何等的气魄和胆量！其二，在我对博物馆的认识中，所谓博物馆，如同科学是一个知识体系一样，它也是担当公共文化服务的一个体系，或一种范畴，它包括各种博物馆，如国家历史博物馆、艺术博物馆、科技工业博物馆等。能称为“国家博物馆”的地方，该是怎样的视野和界域？我带着这样的疑问步入大厅，继而从地下一层至地上三层逐个参观，这里确实让我见识了一个非同寻常的博物馆，它让我感到，这个馆建设者的宗旨就是要带领来这里参观的人去认识全世界！

全馆的内容展示主要有：自然史厅，展示了大量的动植物标本和矿物宝石标本等丰富的馆藏；人文历史厅，有两大部分：一部分展示苏格兰文明史，另一部分展示印度、中国和非洲等地域的文明史，主要是民俗文化、生活方式等；科学技术厅，重点展示了交通史及相关科技的发展，交通科技演绎了英国人的交流和与世界往来的历史，也是共同发展的历史，让人们认识到英国是一个被大海保护的国家，也是被大海隔绝的国家；还有认识宇宙的天文观察厅以及5个文化活动室等。这些内容让我们看到，这个馆的突出特征是历史、人文、科技、自然等多领域内容的融合，反映了世界不同地域人们的真实生活，以及科学给世界带来的变化。当我看完几个楼层的内容回到大厅后，才理解大厅里为什么摆放着看似几个不相关的大型展品，原来它们分别是不同主题展厅的标志性展项（图1）。

上述展示，大量运用了源自世界各地的实物、雕塑、模型以及各种生活用品，也运用多媒体手段，展现各地人们信仰、生活习俗和歌舞的实际活动场景。这使我想到某位专家曾对我说过：博物馆内容设计的最高层次是“无创作设计”。所有的艺术展都是无创作设计。这个馆就是运用精心选择的展示内容，而不是设计者创作的展品，恰到好处地展示了博物馆要表达的思想和理念，这就是“无创作设计”的范例吧！例如，我十分关注这个博物馆是如何揭示中国历史文化的？在介绍有关中国的人文展区里，除了可以看到中国的陶瓷、绘画、丝绸等这些中国的独特产品外，在正面展墙的突出位置有一个约有1平方米的“方印”图样，方印呈“田”字分区，在4个小方格里各写着一条语录，分别是：“普天之下莫非王土，率土之滨莫非王臣”“帝国主义和一切反动派都是纸老虎”“人不犯我我不犯人，人若犯我我必犯人”“和平崛起”，实现复兴之梦（图2）。我正品读着这个在国内未曾见过的文字组合，听到身旁一位陌生的中国人轻声说道：“怎么琢磨出来的，绝了！”这个展示内容也让我不能不惊奇：这是什么人的策划和研究，仅用四句话就要概括中国数千年的政治演变史？

图1　苏格兰国家博物馆大厅及标志性展项

图2　苏格兰国家博物馆主要用4条语录概括了中国的文化

上述这些让我看到，这个博物馆的设计，有着面向人类社会生活的视角和在内容上纵横交错的大手笔、也无不体现深刻细致地揭示各类文化内涵的功夫，这是博物馆对人类社会本真的回归，并引导人们从大自然和世界多元文化的实际出发，去认识人类文明的现实和未来。实现了在一个博物馆中自然、科学、人文、艺术的融合，这可能是苏格兰博物馆的突出特点吧（图3—图5）！

图3　博物馆中自然、科学、人文、艺术的融合（1）

图4　博物馆中自然、科学、人文、艺术的融合（2）

图5　博物馆中自然、科学、人文、艺术的融合（3）

在带出的宣传材料中看到，这个馆在2016年会打造10个新展厅，主要有装饰艺术、时装设计、科学与技术收藏等。这又将是一个什么样的创新计划？是一年的目标吗？我们充满期待！

# 约克铁道博物馆的启示与思考

在过去的200多年时间里，美国的东海岸无疑是这个国家经济、政治和文化的动脉，从佛罗里达州向北，经过华盛顿、巴尔的摩、费城，到纽约、波士顿。这里曾有过一条铁路干线，巴尔的摩市处于中间的枢纽位置，因此也是建设一座铁道博物馆的最佳选址。3年前，我有幸参观了这座收藏机车品种和数量一直处在世界前列的博物馆。但让我遗憾的是，在高大的展厅与一个个庞然大物之间，参观者却很少，也很难找到工作人员，场面十分冷清。我边看边想，认为这种景象不可能成为常态，要么终将闭馆，要么走向新生，但新生的出路在哪里？这可能是不少专业历史博物馆正在或将要面对的问题。

2015年暑期，我在英国约克郡铁道博物馆却看到了与美国巴尔的摩市铁道博物馆完全不同的另一番景象，这里参观人流不断，气氛活跃。我注意到下午6时的闭馆铃声响起时，仍有不少参观者迟迟不肯离去。这让我想到，同是铁道博物馆，这里对观众却产生了如此之大的吸引力，奥妙何在？

约克郡，这座在中国人心目中知名度不高的城市，在英国的地理版图上也如美国的巴尔的摩市一样，在南北交通的干线上处于中心的位置。20世纪中叶，当铁道运输业在西方世界日趋衰落的时候，英国政府于1975年决定在约克火车站原址建起这座铁道博物馆（实为大英帝国交通博物馆的一部分，图1），结果成为了具有鲜明特色又深受公众欢迎的公共文化服务设施。

进入这个馆，经过纪念品商店，随着人流的路线自然地把我们引入了昔日火车站里的一个站台上，两列待发的火车停在站台的两侧，周围是旅客上下、邮包装卸以及有报童小贩等仿真场景，呈现出火车站里真实运行的繁忙景象。在与一列火车相隔的另一个站台上，摆放着两排40多张餐桌，供应着各类冷饮和快餐，在这里还有4个用大型集装箱改装的咖啡屋。我与同行者在这里需要排队找到座位才能用餐。当我进入第二展厅时，首先看到的仍然是一排种类极为丰富的纪念品销售橱柜，正面场地上也摆着50多张餐桌，并且坐满了用餐的顾客（图2）。

图1　铁道博物馆空间的综合利用

图2　参观、休闲功能的融合

在这个近万平方米的大厅里主要是英国及世界各类机车的收藏展示，还有一个在大型机车编组站里才能见到的机车调头转台，每日上下午各进行一场表演。当观众已经涌到这个转台四周的时候，我虽然知道表演即将开始，但已无法进入其中了。只听到机械与汽笛鸣响，还有观众的掌声、机车上的工作人员向观众喊着什么，好像一天展示中最激动人心的时候到了。在这个最大的主题展厅里也开设了两处儿童活动空间。当我进入第三、第四个主题展厅的时候，更加感到博物馆的收藏之丰富，展示的设计也极具功力。这里收藏了铁路运行系统应有的全部物件：信号灯、手旗、列车上的灯具、座椅、标识徽章、标志服装、工作人员用过的哨子、各种各样的车票等。特别是在展示的各类实物中，都尽可能地讲述着一些感人的故事。如在火车机械和电气设备设计制造或维修、改造中，介绍一些工程师的突出贡献；详细讲述了丘吉尔首相在第二次世界大战期间多次乘坐火车往返前线的故事，这辆被命名的“英雄列车”也陈列在这个博物馆里。可以感觉到，馆里还有不少让“约克人”引以为傲的历史故事，这可能是人们永远需要的历史与现实、科技工业与人类文明的一种对话（图3）。

图3　展览的火车与火车的发动机和各种零部件

在我参观约克铁道博物馆的大半天时间里，馆外一直在下雨，但是天气并没有挡住人们走入博物馆的脚步，好像这里总是充满着阳光和快乐。按照各主题展厅的人流量，我估计当日的进馆人数超过了千人。这些来访者里到底有多少人是远道而来的游客，又有多少是本地的居民，他们又都为何而来？我想，外来者多是为了解这里的历史和文化，而本地人又为什么经常来到这里，并成为他们生活中不可缺少的一部分？专业人士多认为，如果能够吸引外地游客，就更能吸引本地居民，这是一座博物馆最重要的成功之处。毫无疑问，这个馆在吸引上述两类人群方面都是成功的，而成功的关键又是什么？我认为在于这座博物馆的策划与设计者为公众搭建了一个交流的平台，不知设计者的意图究竟是努力让历史走入现实生活之中，还是让现实生活中的人们走入了历史之中去倾听过去那些感人的故事？我们不能否认，人们在这里接受了一种文化的熏陶，而不是刻意的教育，这种传播是在人们必然进行着的某种生活方式和内容中实现的。我想，这就是对传统博物馆展教理念以及形式与内容的突破和创新吧！

# 从“阿什莫尔”的历史定位想到的

没想到从伦敦城区到牛津大学还要跑90多千米的路程，虽然返程回国的时间已经很紧张了，但一心想要看到在我国曾被认为是世界第一座自然博物馆——阿什莫尔博物馆，还是下决心跑一趟牛津郡。

为什么坐落在牛津大学的这个博物馆要以阿什莫尔（Ashmole）命名？这本来就是一个有争议的问题。《博物馆变迁：博物馆历史与功能读本》一书的作者认为，阿什莫尔博物馆的创始人是两位园丁——约翰·特拉德斯坎（John Tradescant）父子。老特拉德斯坎带领着儿子，穷其一生为英国贵族阶层设计建造不同档次和风格的花园，也因此去过欧洲和中东地区许多国家，同时收藏了大量的动植物标本、矿物宝石和绘画、手工艺品等。1656年，小特拉德斯坎在好友埃利亚斯·阿什莫尔（Elias Ashmole）的帮助下，出版了全部的收藏目录。阿什莫尔是一位律师，也是业余的收藏家和科学工作者。在1662年小特拉德斯坎去世之前，阿什莫尔无偿获得了“园丁家族”全部收藏的遗赠，整整20辆马车，其数量之巨可见一斑。后有多种资料证实，阿什莫尔于1677年去世前提出，他的收藏可以全部交给牛津大学，条件是要专门设计一座特殊的建筑来安置并展出这些藏品，这就是1683年建成并开放的阿什莫尔博物馆（图1）。

在西方一些关于博物馆的著述中，很少把某某博物馆称为世界的“第一个”。究其原因，可能是从古希腊、罗马帝国，又进入教皇统治了千年的中世纪，无论是城邦首领、经商富贾，还是皇宫贵族以及教会，都有对珍奇物品和人类各种认知的文字收藏、积累和展示。特别是在欧洲文艺复兴运动的后期，在16—17世纪，收藏逐渐朝着研究的方向发展，并进入公众生活：1670年瑞士最早的巴塞尔大学博物馆建成，而苏黎世的著名医生康拉德·格斯纳大约在1550年就建立了一座自然历史类博物馆。相比之下，阿什莫尔博物馆建馆的时间稍晚一些，但它却成为了那个世纪享有最高声誉的一座博物馆，而且直至今天，依然是世界自然博物馆中标志性的符号。我认为获此美誉的原因主要有两点：一是该馆的收藏和展示的丰富程度是那个时期的同类馆难以企及的（图2）；二是它开启了面向大众展示的先河。据世界著名的博物馆学家肯尼思·哈得逊（Kenneth Hudson）撰写的《有影响力的博物馆》（我国台湾博物馆界著名专家徐纯翻译）介绍，阿什莫尔博物馆以教学目的为展示重点，也定期向公众开放。博物馆共分三部分：自然史标本，古董与珍奇，图书馆、教室与化学实验室。

图1　阿什莫尔博物馆

图2　阿什莫尔博物馆内的丰富馆藏

我带着多年从书本资料中形成的印象，终于来到了一座风格庄重的古罗马式建筑面前，一眼看到大门旁的标牌上写着“阿什莫尔艺术与考古学博物馆”，颇感诧异——不是我想象的收藏博物馆。走入大厅，在向服务人员的询问中才知道，阿什莫尔博物馆早已于1894年将原有藏品分散到了不同博物馆之中：大量自然史方面的藏品都纳入了自然历史博物馆；有关科学探索方面的仪器、仪表和各类工具等都放入了牛津科学史博物馆；书籍和手稿转交给牛津大学图书馆；原建筑成为了收藏艺术品、文物和古钱币等综合性博物馆，主要分为古器物部、西方艺术部、东方艺术部，收藏了包括达·芬奇、米开朗基罗、拉菲尔、丢勒、伦勃朗等古典大师的画作、素描和手稿等3万多件。在这里也看到了介绍博物馆奠基人的相关物品，包括特雷德斯坎家族成员和阿什莫尔的肖像画等。

我从艺术与考古博物馆出来，又急着去寻找科学史博物馆和自然史博物馆，因为那里有300多年前阿什莫尔博物馆延续的血脉和基因，也是我到英国进行考察的重点。

最后，当我不得不结束考察离开这座世界驰名的牛津大学城的时候，虽然感到收获颇多，但总还有一些问题萦绕心头，例如，大学办博物馆，这是一个世界性的话题，也是一块看似光彩照人的金字招牌，但办馆的宗旨既向公众开放又为教学服务的双重功能定位，能否成为一种常态并取得成功吗？我看很难。特别是随着教育改革的深入和现代自然科学博物馆面对的挑战，大学博物馆何去何从，越来越多的矛盾与问题亟待解决，在牛津大学和我国一些大学博物馆暴露的问题又何尝不是如此！

还有，我从一份资料中看到，阿什莫尔博物馆的藏品最多时达到7000多万件，其中自然科学类藏品占有较大的比重，但“阿什莫尔”的名号为什么放在了艺术类博物馆的前头，这又是在何种思考基础上的一个判定？

从阿什莫尔博物馆成立330年的历史定位变化中，让我思考最多的是博物馆演进过程中的分化与融合。阿什莫尔博物馆的功能与内容的分化不是个案，大英博物馆也有同样的情况；发达国家的艺术博物馆早已按照不同时代和风格分设博物馆了；科技工业博物馆也从综合性向着专门领域分类发展。但从当代生态文明的系统性，从社会发展和大众生活的需求看，自然科学类博物馆的发展，主要强调跨界、融合，这又该如何把握其中的规律呢？

对于上述这些问题的回答，我们不能观望等待，而是需要思考、探索和实践。

# 格林尼治皇家博物馆的意义

去格林尼治皇家博物馆（即格林尼治海事中心），可以看到4处名胜：格林尼治皇家天文台、皇后行宫艺术馆、国家海事博物馆和卡蒂萨克号船。这里毗邻海域、环境优美、景象壮观、清新宜人。一天的游览，让我轻松地融入了迷人的风光和饶有文化的展厅之间，在享受博物馆里的周到服务中，度过了一段愉快的时光；同时，让我看到这座罕见的大型文化平台，也实现了设计管理者策划的传播科学、展现艺术、讲述历史目的的同时并不乏进行英国式的爱国主义教育。

我思考着，格林尼治皇家博物馆是怎样把世界和本国的游人吸引到那里去的？

其一，这里有人类唯一一处与时空分割相关的地标。

历史上，世界列强的交错出现，曾有不同国家先后提出全球的标准时间应从它们那里计起。1884年，一次国际会议确定：格林尼治子午线为世界本初子午线，即谓经度零度、零分、零秒，同时也确定了东西半球的分界，明确了格林尼治标准时间，把地球自转（360度）与一天24小时对应，即地球每转动15度要用1小时的时间（图1）。

这座建于17世纪的皇家天文台是英国天文观测、格林尼治标准时间以及本初子午线的旧址，也是英国政府第一个资助的科学中心（图2）。几个世纪过后，皇家天文台的科学遗产依然被用来确定国际时区和世界本初子午线。当参观者双脚跨越本初子午线、同时身处东西两个半球之间的时候，都要摄下这难忘的时刻。特别是这里记述着当年许多天文学家的故事，反映了他们如何日夜观测星座的变化，精确地绘制星表，指导航海者确定在海上的位置。同时，参

图1　东西半球的分界线

观者也可以在天文专家的现场表演中观看星球和遥远的世界，或是观赏用最新科技手段摄制的天文影片，体验着天文的过去、现在和未来。

图2　世界著名的格林尼治皇家天文台

其二，这里展现着“日不落帝国”的历史和荣耀。

坐落在格林尼治皇家博物馆的核心部位是世界最大的英国海事博物馆。这里充满了鼓舞人心的海上探索、贸易和表现大无畏的英雄主义故事，展厅里陈列着大量的藏品，讲述着英国人认为最辉煌的历史，那也是英国人最早将足迹留到全世界的历史。

我认为英国海事博物馆的主题反映了英国海事的巨大成功与打造“日不落帝国”的关系。展厅里展示了18世纪末至19世纪上半叶被称为英国海军军魂的纳尔逊的生平和战绩，收集了海军标志性的展品250件，彰显了彪炳英国史册的海军英雄和海上战役。

在参观的过程中，我不能理解为什么也是“海事”，却把卡蒂萨克号商船与国家海事博物馆分开展示？这可能是有意将历史上的海军与商贸分开吧！这里用较大的篇幅介绍了英国与亚洲海上贸易的历史，并记录了“卡蒂萨克”号穿越无人航行的大洋而获得的殊荣。

在海事博物馆和卡蒂萨克号（Cutty Sark）船上，都有操作舵轮或升降风帆的互动项目，也可以模拟体验当年船上的船员生活（图3）。

图3　卡蒂萨克号商船

其三，艺术永远愉悦着人们的心灵。

在格林尼治皇家博物馆里，皇后行宫艺术馆是欧洲文艺复兴后期英国建起的第一座古典式建筑，本身就是一件艺术品（图4）。按照导览图的介绍，这里有按照文艺复兴理想中的数学比例创造的优雅的建筑空间，美好的绘画天棚，配有经典装饰的螺旋式楼梯，特别是这里展出着世界海洋艺术家的作品……这一切都吸引着外地的游人。但遗憾的是，当我兴致勃勃地来到这里的时候却被告知，为庆祝皇后行宫修建400周年，皇后行宫刚刚闭馆整修。这情景有些让人扫兴。

图4　皇后行宫艺术馆

当我离开这里，也是告别格林尼治皇家博物馆的时候，却让我想到：昔日帝王的行宫，今天世人的旅游胜地，似乎都有相同之处，即风景秀丽、生态宜人；拥有文化的内涵、博雅的品味；令人愉悦。

# 欧陆巡礼

# 难忘巴黎
# 那些老建筑里的博物馆

翻阅在国外考察中的笔录，发现在英、法两国看过的53家博物馆，竟有39家是建在数十年或百年以上的老建筑中，即新建筑的比例仅占26%左右，这对中国的同行来讲是一个难以想象的事情。近20年来，我国博物馆风生水起，进入了历史上难得的快速发展期。到处可见各地以博物馆名义建起风格各异的标志性工程，动辄三四万平方米，多见六七万或是超过10万平方米的特大型建筑。全国博物馆的累计已突破4500多座，在数量上无疑已成为世界博物馆的大国。在这样的形势下，业内同人曾有一种说法：与国外博物馆相比，我们不差在建筑上！言外之意是大家都能理解的。果真如此吗？我极力回想并琢磨在欧洲一些国家看过的博物馆，特别是巴黎那些给我留下深刻印象的老建筑里的博物馆，让我深切地感到对东西方博物馆的许多认识还显浮浅，对世界近200多年的博物馆发展史我们确实还有许多没有认识到的东西。

“城市是人类文明的火车头”。进入曾被人们称为现代之都的巴黎，可能不同人群都会从不同视角认识这个“火车头”的结构和功能，但也有一些共同的印象：以典型的哥特式巴黎圣母院建筑为城市地标，沿塞纳河铺展而成的巴黎街区，到处可见欧洲文艺复兴后出现的巴洛克建筑风格，特别是一些辅有柱廊的王宫、教堂等大型建筑，又与广场、雕塑或绿地相连，通过一条条小石块铺垫的马路连接四面八方，这些无不显现昔日曾有的辉煌。但是，汇集到这里的各国的游客的目光和脚步并没有就此停住，他们更喜欢流连于这些建筑体内的另一种世界：著名的卢浮宫、奥斯艺术博物馆、巴黎（科学）发现宫、巴黎历史博物馆、法国军事博物馆、拿破仑博物馆、集美国立亚洲艺术博物馆等，都汇集在这里，俨然构成了一个庞大的博物馆群落。这就是巴黎以博物馆为主题构成的城市核心区域，虽然不见新式的现代派建筑，但它却构筑了巴黎这座现代城市的灵魂，并成为了世人“朝觐”的文化圣地。

这里说到的“灵魂”，是以人们追求的价值和社会普遍接受的价值观为基础的。我理解，现代城市的灵魂应该是大众与先进文化的融合，而现代优秀的博物馆又是构成这种灵魂不可或缺的文化元素。但是，世界一流的博物馆并不是想建就成、一蹴而就的，那是历史与文明进步的产物。还是以巴黎为例，300多年前的卢浮宫旧城堡几经扩建和功能转换，成为这座荟萃西方古代艺术的殿堂（图1），我认为它之所以能够于1793年成为世界第一个向社会大众开放的艺术博物馆，那是永载史册的法国大革命为争得民权的结果；法国（巴黎）军事博物馆的建筑原是法国政府为安置第二次世界大战中数以千计伤残或年迈而又无家可归的军人的地方，称为“荣军院”（图2），几十年的岁月让这里的战士离去，但胜利与光荣永存。虽然这里的建筑不甚宽阔和壮观，楼层高度仅有4米左右，政府还是决定在这里建一座法国军事博物馆，让人们不能忘记这段艰难而又光辉的历程。时间证明，他们的理念与决策是正确的，并创造了奇迹，其展示内容与形式令世界同行刮目相看、高度赞赏。我崇敬创建了世界第一座科学中心——巴黎发现宫的法国物理学家、诺贝尔奖获得者让·佩兰先生，我也同样崇敬当年的政府决策者能够批准这座科技馆占用了历史上著名的“小皇宫”，使普通民众能进入昔日神圣的殿堂（图3）。我进入巴黎地下排水管道现场，参观了实际运行着的巴黎管道博物馆。因为年轻时看过令人惊恐也感动的《巴黎圣母院》这部电影，记住了大作家雨果的名字，又执意要去看看雨果纪念馆。这是一座19世纪中期的建筑，也是雨果的私宅。如果在那里再了解更多的博物馆，我们可能会更深入地认识到各类博物馆的诞生和发展是多么自然地融入了社会文明进步的生活之中。

图1　卢浮宫

图2　巴黎荣军院

图3 1937年，王宫改造成的世界第一个科学中心——巴黎发现宫

人们惊奇于巴黎市核心区永远不变的建筑风格，难道法国人在一二百年前建造的一栋栋楼房坚固耐用、功能齐备、永不损坏？事实并非如此。据知情者介绍，政府为保留巴黎建筑的艺术的特色，命令每座建筑进行改造更新必须做到基本结构不变，外观不变。巴黎奥赛博物馆这座奇特壮丽的艺术宫殿，原来是1900年建成的一座中央火车站（图4）。据有关资料介绍，1978年的改建方案，对原设计的所有立柱和金属横梁框架以及灰墁装饰都原封不动地保留，并加以修缮，突出创新了博物馆展厅的布局规划和轮廓，最终赢得了艺术界和广大公众的认可。巴黎规划建筑博物馆比中国近些年兴建的城市规划馆的气派小多了，那里只是展示了大量的巴黎城区的建筑图纸和模型。特别让我们关注的是这个馆的建筑是一座百年有余的二层老房。进入馆内，可以明显地看出原建筑较为单薄的墙壁和楼板承重等功能都不能适应博物馆的要求了，但这座博物馆依然运行良好，奥秘何在？原来，这座建筑在进行规划设计博物馆的同时，根据展馆的需要，首先在楼房墙壁的内侧建造了一个在建筑学上称为“自生

根”的金属框架结构。这样，展示内容的悬挂和二楼上的平面荷载都附着在这个“自生根”的构架之上了，原建筑受不到任何破坏性的损害。这可能也是巴黎市发展博物馆事业一个重要的经验。

图4 将旧火车站老建筑改造成的奥赛博物馆

同样，未来中国的科学博物馆发展乃至所有公共文化服务设施的建设，不可能都建新楼。在这种情况下，巴黎老建筑里的博物馆建设经验有多少可供我们借鉴呢?

# 巴黎科技馆的维度

我到境外考察博物馆停留时间最长的城市当属巴黎，因为那里确实汇集了一个包括艺术、自然历史、人文和科学等多领域世界一流的博物馆群落。最近，我又翻阅《有影响力的博物馆》一书，在《科技与工业》一章里，共推介巴黎、芝加哥、伦敦、慕尼黑等8座城市10家博物馆，其中巴黎独占3家。这使我想到国内经常有人提出，在同一座城市建设两座科技馆如何错位发展的老问题。在巴黎，如果我们能够对一些博物馆的缘起及其演进的过程有所了解，就会感到它们的出现没有刻意塑造，而是自然地沉浸到了那些不同时代特有的历史文化源流之中。这里提出的巴黎3座科技工业博物馆，就是国际上业内人士耳熟能详的巴黎工艺博物馆、巴黎发现宫和法国科学工业城。我认为这3座博物馆正是从传播科技工业发展史，传播科学知识、思想和方法以实现科学的探索与发现，传播科技与社会可持续发展理念三个维度，全面揭示了当代科学类博物馆应有的内涵，特别是巴黎工艺博物馆和巴黎发现宫的建立，确立了世界科技博物馆发展史上具有里程碑意义的地位。

2017年暑期去巴黎，我似怀着一种“朝圣”的心情进入了巴黎发现宫和巴黎工艺博物馆，也二次前往科学工业城进行考察，眼前的一切让我对这里的科学博物馆产生了一些新的思考。

## 一、世界第一座科技工业博物馆——巴黎工艺博物馆

巴黎工艺博物馆走过200年历程的时候，让我重温了如下的史实：

当1794年法国人开始收集有关工业图纸、各种生产工具、模具、设备和产品积极筹建技术工业博物馆时，世界工业革命刚刚走过30年的历程，我相信

当时在经过文艺复兴运动后的欧洲，只有经过了思想启蒙运动和法国大革命洗礼后的法国才会出现这样的壮举。巴黎工艺博物馆于1799年开馆之后，英国以1851年在伦敦举办万国工业博览会得到的丰富馆藏为基础，于1857年建成伦敦科学博物馆并正式对外开放；德意志博物馆（慕尼黑科技工业博物馆）于1903年着手筹办，受第一次世界大战的影响，到1925年才正式对外开放。也就是说，世界科技工业博物馆从1800年巴黎工业博物馆开始起步，直至20世纪末期的200年时间，各国科技工业博物馆都是以向公众传播科学技术、启迪人们的科学思想和智慧为理念，也都经历了不同的创新发展阶段，但其建馆的基础都是以收藏和展示科技工业生产遗存为本的。当世界进入21世纪以后，巴黎工艺博物馆完成了一次全面改造和更新，使全部展示内容定格在了一个历史阶段，并对每一项展品尽力实现了历史上人类智慧与艺术相融合的升华，这分明是“凤凰的涅槃”，让参观者在享受无限美感的同时，赞叹人类曾有过的伟大创造，给人们留下一段永远值得记忆和思考的历史，难怪有人把这里称为“科技博物馆里的卢浮宫”（图1）。这也是科技工业博物馆的一种走向吗？在当代，我们见到有的博物馆退出了历史舞台，而多数正在与时俱进，而巴黎工艺博物馆实现了一次特有的科技、人文与艺术相融合的完美呈现。

## 二、世界第一个科学中心——巴黎发现宫

1937年，巴黎发现宫的建立是对传统科技工业博物馆理念与展教内容、方式突破性的革命和创新（图2）。巴黎发现宫创始人让·佩林（Jean Perrin）先生是物理学诺贝尔奖的获得者，他的建馆初衷就是让孩子们从中小学开始就能学习科学工作者探索和发现科学奥秘的思想和方法。因此，在巴黎发现宫里不以藏品为本，而是为提高参与者的认知能力创建各种环境和条件，如提供必要的设备、模型、工具和材料等，也有教师引导，让人们在参与各类活动的实际体验中，去学习知识，增长智慧。这就是巴黎发现宫有别于传统科技工业博物馆的基本理念。后来，旧金山探索馆和安大略科学中心都借鉴了巴黎发现宫的经验分别建立了同类型的场馆，同于1969年开馆。这种面向大众的展教模

图1　世界第一座科技工业博物馆里的各类展品已成为人类工业文明的永恒经典

①蒸汽汽车；②电影放映机系统；③机械钟表

式开启了走向世界的历程，并呈现了蓬勃发展的趋式，全世界成立了科学技术中心协会（ASTC），我想，这是让·佩林先生应该获得的永远存放在世界各地的第二块“诺贝尔奖牌”。

巴黎发现宫在过去80年的世界里“初心”不变，始终秉承着“在探索和发现中传播科学”的理念。在经过改造后的物理、化学、生命学、地球科学等几大主题展厅里，虽然都设有一些常规展项，但最引人注目的是在每一个主题展厅里，都有1—2个全开放式的现场试验演示平台，并常年公布着每日全馆进行的十几场演示讲座的不同内容和时间。我看到一个正在面向成年人讲解空气动力学的原理与应用的场次，因参与者太多而使一些人席地而坐；也看到一个演讲台席里，老师与仅有的一位听众进行认真地互动。这使我想到，这可能是世界科学中心里独特的一幅场景吧！科学中心的特色与差异化发展又将怎样营造自身的生态体系呢？

**三、1986年3月正式开馆的法国科学工业城（图3）**

我认为，法国科学工业城与巴黎发现宫错位发展，全面反映了法国人对现代科学博物馆的理解，其展教的内容与形式既显现了世界科学中心的特征，也有传统科技工业博物馆的内涵，其表达的理念和主要特征是尽力拉近科学技术与现代社会发展、大众生活之间的关系（图4）。让大众直接面对生态与能源危机、人口膨胀、生物工程以及宇宙探索等后工业时代的热点重点问题；展示法国运用新型材料制造的轻工业产品；自行体验从法国到世界各地旅游的网上服务平台；同时，也为不同年龄段的少年儿童提供了4个各有特色的活动室等。

这一切，让我在巴黎这个拥有最为丰富多彩的博物馆世界里感到，相对一些历史人文博物馆而言，好像唯有科学技术类博物馆成为了一种最具有时代性特征的公共文化服务设施。几次到巴黎，看到它们总在变化着，这也给相关从业者提供了很大启发，巴黎科学类博物馆变革与发展可能给我们提供了一些有益的经验。

图2　巴黎发现宫特有的传播科学文化的形式

图3　步入现代社会的法国科学工业城

图4 法国科学工业城充实的空间布满了科学与现代工业发展的相关展项

①法国科学工业城中的上下扶梯；②法国能源系统

# 罗马，这座博物馆之城

我去罗马，初始的感觉如进入一座世界最大的古代建筑艺术博物馆，到处可见千余年以上的古城遗址和世界著名的大理石柱廊与石雕相间的罗马式建筑。再进一步看下去，那里呈现着古罗马从城邦文化走向共和文明，再成为帝国以及现代城市的诸多景象，还有从公元元年开始至中世纪以来的宗教文化，生动地展现了2000余年的西方世界文明史，这是一幅多么壮观的历史画卷！从这个意义上讲，罗马城分明又是一座世界上独一无二的人文历史博物馆（图1、图2）。

图1　罗马古城遗址外貌

图2　罗马古城遗址内部

当我感叹罗马这座城市的历史、现实和未来的时候，有同事建议我看一看《永恒之城》（Eternal City）一书。这是我国4个省（市）博物馆为在国内举办大型文化特展而编写的一本文集①，书中通过一件件文物的介绍，试图展现古罗马的辉煌。读后，让我苦苦思索：《永恒之城》中的“永恒”意味着什么，或者说是什么让罗马获得永恒？我认为世间任何一个城市都有可能被视为一座博物馆，因为它们独特而传奇的历史都已成为过去并不可改变，这也是一种永恒吧！那么，罗马这座博物馆之城的永恒之处又在哪里？实地参观和思考似乎把我引向古今罗马城市表象的背后，让我产生一种新的认识：永恒不会终止于一个事件、一件器物或伟人的一时出现，而是一个长久影响着人们情感、思想与行为的过程。我在罗马这座“博物馆”之城里漫步，仿佛看到人类自古以来对艺术、信仰和文明追求的永恒！

**一、毫无疑问，人类对建筑艺术的追求，从古希腊到古罗马走上了一座史无前例的高峰**

在西方，建筑设计师们多把欧式建筑风格视为从哥特式走向巴洛克式。而我认为西方世界的经典传统建筑几乎都是罗马式建筑的翻版和创新。即使在东方一些国家，如有古罗马式的建筑，也多列为文物受到保护。

走入罗马这座“博物馆”，毫不夸张地说，那里的古典建筑几乎都是博物馆的标志性展项：帝国议事广场、黄金宫殿、斗兽场（图3、图4）、君士坦丁凯旋门、还有梵蒂冈里的建筑等，都会产生一种视觉的冲击和心灵的震撼。这是一种什么力量的感染？是感动于千余年之前罗马人的智慧和对美的追求吧！以闻名于世的“万神庙”为例，这是一座穹顶式建筑。由此想到，近些年在我国各地建设的科技馆，那里都要有一座球幕直径为20—30米的影厅。而作为宗教祭祀场所的万神庙的高度和球体直径均为43.3米，顶部有一个直径8.9米的透光

① 由我国成都金沙遗址博物馆、天津博物馆、山东博物馆和云南博物馆共同编写。

圆孔，这座建筑竟经过千余年岁月的洗礼而长存，如此的建造科技与艺术不能不让现代人惊奇。实际上，罗马城的许多遗址一直还处在挖掘、发现和整修之

图3　罗马古斗兽场外貌

图4　古罗马斗兽场内部

中，但古罗马的文明却在很大程度上被这些完整或残缺的建筑保存下来了，并唤起了今天世界游人与古罗马人之间穿越时空的共鸣。

## 二、信仰的追求是人类生活与生存的灵魂

在罗马城的公共场所或在博物馆的收藏之中，存放着许多形象与姿态各异的大理石雕塑人物，反映了古罗马时期人们对不同偶像的信仰崇拜和各种价值的追求（图5、图6）。其中有战神、大力神、智慧女神、爱神、沉默之神、幸运女神、太阳神、月亮神、医神、酒神、森林之神等，还有不同时期的皇帝和哲学家的塑像。这些都让我想到曾有一次参观地处浙江余姚的河姆渡博物馆，那里出土了大量距今5000—7000年的劳动工具和手工雕刻的饰物，也有我们的先民崇拜太阳和飞鸟的图腾；也想到千百年来中国民间流传的故事和寺庙的泥塑等。这些不能不让我感叹，古今中外的大众对美好与信仰的追求，有着多么相同或相似之处！这是人类社会跨越时空的永恒追求。但从现存的历史文物上比较而言，我感觉古罗马人对他们的信仰与追求表达得更真实、更丰富多彩和浪漫。

图5　罗马古城遗址博物馆文物（1）

图6　罗马古城遗址博物馆文物（2）

**三、让我们在罗马城这座“博物馆”里，认识古罗马文明在人类历史进程中的地位和作用**

有一本被我翻阅次数最多的哲学书籍①，其中用一个章节从哲学的角度论述古罗马社会，题目是《古罗马的哀歌》。其主要内容是“罗马人不同于雅典人，他们更注重肉体和物质生活，而忽视精神生活，比起志趣高雅的希腊人，罗马人只不过是一批粗陋不堪的凡夫俗子而已”“罗马人的骄奢淫逸、纵情声色、使他们的文化日趋没落”。在这样的背景下，思想家“更关心的不是世界的本源和宇宙的结构，而是怎么样才叫幸福”，等等。这样的论述，让我对古罗马社会产生了一种低俗、颓废的印象，但事实上这是有失公正的。

不久前，当我从罗马这座“博物馆”之城走出的时候，已经感受到了古罗马的阳光，也初步认识了它在600多年的历史长河之中，是怎样逐步走上了政

① 彭越，陈立胜．西方哲学初步[M]．广州：广东人民出版社，1999.

治、军事、经济和文化的强大与繁荣，成为几乎占据欧洲全部、横跨亚洲部分领土的强盛帝国以及后来又为何开始走入衰落。这一切，怎么可以用一句“古罗马的哀歌”概括?!

我认为，在欧洲历史上，从古希腊到古罗马，只是人类社会必然要走的路程。从公元前600年—公元前300年，史学家称为人类文明的轴心时代，出现了人们理性思维的泉涌和迸发，也有了科学思想的萌芽。但进入罗马帝国以后，有人就认为在这里遭遇了人类理性与智慧之殇，我认为，这是一种错误的观点。因为人类社会的发展，总需要“知”与“行”、形而上与形而下的结合，国家的强盛和大众的需要总要在实际的社会生活得以体现。如果像柏拉图这样的哲学家真正当了国王，如果他不面对大量的社会实际问题，恐怕他的地位一天也难以维持。这也正如亚里士多德不能完全接受亚历山大大帝的言行一样，看来当年雅典学院的教学内容还缺乏社会政治学这门课程。

但是，公元元年以后的罗马共和与帝国的时代，却为西方世界最早提供了治国理政的样本，请看:

为了强化帝国对属地的统治，首先雄心勃勃地兴起了筑路工程，绘就了“条条大道通罗马”的地域格局；建立了罗马完备的法律体系，实施了开明与独裁相结合的政体；制定了罗马城的建设规划，并实行政务、生活和公共服务不同城市功能的分区管理。现在仍可以看到1500年前罗马城地下的供排水管道，按照现代城市规划思想要先抓基础设施建设的要求，在古罗马时期就有了很好的体现。

同时，古罗马城建设了一系列公共文化活动场所。以彰显战胜国的荣耀，建起了“和平祭坛”；为打造民主政治的平台，建造了“帝国议事广场”；为了适应人们对知识和艺术的追求，建立公共图书馆；还有闻名世界、可容纳30万人的罗马竞技场和多个大小不同的公共洗浴中心，以适应公众休闲和社交的需要；等等。

这一切，反映了古罗马的辉煌，也形成了当时欧洲政治、经济、文化中心的地位。而且这些内容，直至今日都可看实物或可寻踪迹并有据可查，这也是我所提出的“罗马，这座博物馆之城”的内涵所在。

当我完成上述文字并进行修改推敲时，忽然想起台湾博物馆学家徐纯教授曾提出“罗马是一座博物馆城”的概念。找出她赠送我的著作《文化载具，博物馆的演进脚步》一书，看到第二章就是《属于公民的博物馆城——罗马》。让我感到欣慰的是，从罗马归来，我有了一个与徐纯老师同样的观点，特别是她在这一章最后一部分，我们在当代公共文化服务设施快速发展的新形势下，很值得思考下去的一段话：“从这些罗马人活动公共场所的遗址看来，当时罗马帝国并没有任何博物馆经营艺术（品的）收藏，但罗马城却开辟成一个整体的博物馆，这种全城为博物馆的典型，可以作为近年来发展文化村的参考。”

# 科学与艺术：现实生活的追求

2016年12月1日，在本次行程仅剩下的大半天时间里，我们还是决定去坐落在罗马的21世纪国立当代艺术博物馆，看一看它对21世纪仅仅过去了16年时间的艺术创作展示了什么；也因为同行者知道这座建筑出自世界著名女设计师扎哈·哈迪德之手，要看看到底是个什么样子。

实际上，这座被称为罗马城的现代标志性建筑，在网络上展现的正面效果图并不是面向大街。顺着街道的流线望过去，艺术博物馆靠近马路的一侧，看上去与绝大多数的建筑——罗马城市的风格基本相似（图1），看不到在群体建筑中极力张扬的个性，这可能就是一些中国人往往忽视城市整体规划的基

图1　21世纪国立当代艺术博物馆的正门

本规则吧！如同西方人公共交往时穿着的西装礼服，虽然在款式和颜色上略有不同，但看上去“君子和而不同”，又是那样和谐。当走入院内，在宽敞的楼外公共空间可以欣赏这座建筑的独特造型，进入大厅见到层次分明、上下通透的内部结构时，你就不能不感叹这位被业内称为“女魔头”的世界级设计大师的艺术创作魅力了。大厅里的标志性展项也令人印象深刻（图2）。

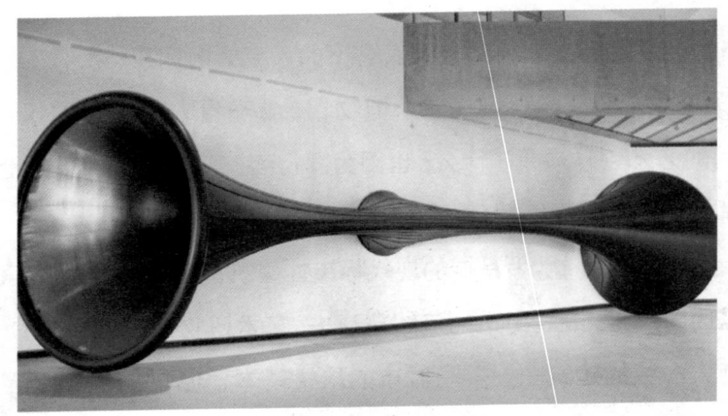

图2 大厅里的标志性展项

我记下了嵌在门上的一行文字：MORE THAN MEETS THE EYE。我想把它译为“超越视觉的感受”，才更适合我在馆中看到的一切。

进入展区，首先看到的是一个较大的区域展示着各种报刊报道过的社会政治、经济活动的文章和图片；还有吊挂着近百张反映着社会真实生活的照片，有意让参观者看到社会不同层面的众生相：有为生活奔波的、忙于家务的、郊游休闲的、追求不同服饰的，也有一些裸照、吸食鸦片、随地小便以及交通肇事的现场图片等（图3）。这一切都在不断地拷问着我们的认知，这算是什么样的艺术呢？我想到典籍里对艺术有一个定义：艺术是人们心情感受和精神世界的形象反映，如小说、戏剧、影视、绘画等。如果对这个概念进行逆向思维：如果用展示社会真实的场景和形象去反映当代人们的精神追求和自我感受，这是否也是一种艺术呢？似乎这部分的展示内容就要说明这个问题。

这个馆二楼展示内容的理念比较鲜明，但需要细细地品味和思考。在这

图3　近百张反映社会真实生活的照片

里，一个展区是通过文字和手绘图，展示了人们的生活和追求方面的细微变化，包括家庭的装饰、庭院的打理、人们的衣着时尚以及业余时间的安排等，也反映了人们价值观和社会文明的进步。还有一个展区是通过一位日本住宅设计师在电视画面里的讲述和现场多个案例的展示，表明现代社会人们对住宅的要求应该是简洁实用并与人文及生态和谐。最后一个展区是一个直径约3米的三维球体，用意大利国旗的三种颜色分成三个立体空间。我理解：第一部分是以红色为底色，用罗马的古代建筑艺术图案反映意大利的历史；第二部分是以白色为底色，画着几个张着的大嘴做呐喊状，以表现当代人们的诉求；第三部分是以绿色为底色，展现一个生机盎然的天地，表示未来的发展方向（图4）。

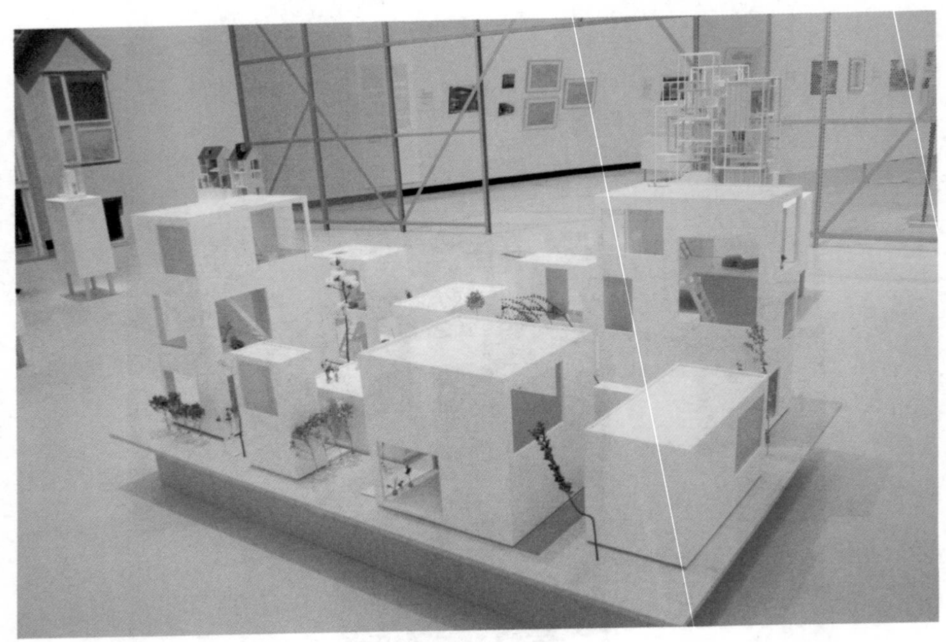

图4　馆内反映人类现实生活中的丑恶与美好的展示

这一切展示，表现出了多么强烈的时代特征和艺术为社会发展服务的崇高责任！我曾在欧美国家参观过一些世界著名的艺术博物馆，那里的一些经典艺术品虽然无不表现那个时代的文化，但它给人突出的印象是唯美的；我也认真地参观过纽约的古根海姆和伦敦的泰特等现代艺术博物馆，但那里重现派、意识流的作品也实在让人费解、难懂。罗马城的21世纪国立当代艺术博物馆为各类博物馆在新世纪的发展进行了有益的探索，特别是在现代社会中，科学与技术无处不在；艺术——人们对美的追求也无处不在，科学与艺术在社会生活中相遇。我们在科技馆、艺术馆和人文历史博物馆的发展建设中，探索着如何实现真（科学）、善（人文）、美（艺术）的结合，这将是博物馆建设工作中的永恒主题。

# 达·芬奇科技博物馆里的多元世界

文艺复兴是西方文明史上一次最伟大的革命。为了纪念这个时代的代表性人物达·芬奇诞辰500周年，1952年，意大利政府在米兰建立了“达·芬奇国立科学艺术博物馆”，亦称为“国家科学技术博物馆”。

有人告诉我，网上有篇文章介绍达·芬奇科技博物馆，说它的展览内容十分丰富，有57个小主题。但我不能理解“小主题”意味着什么，是57个主题展厅，还是包括了每个主题展厅的分主题？我很疑惑这种超常规的内容建构与其真实性。

2016年11月，我到达·芬奇科技博物馆进行了近一天的考察。其间既没有座谈，也没有观看特效电影，更遗憾的是没能看完全部展览，也没能数清这里到底有多少个主题展厅。考察过程中，只是让我感到新奇并思考着：这是一座在西方国家少见的大型综合类科技博物馆，面积超过5万平方米，它没有模仿任何已有的模式，既有别于慕尼黑、芝加哥等几家传统的科技工业博物馆，也不同于巴黎发现宫和北美的一些现代科学中心，但又兼有两者的元素，不失意大利的特色，展现着自己国家的历史与现实。

我无法考证这个馆的内容建设方案形成的依据，但在参观过程中给我留下的深刻印象是：他们紧紧抓住了人们应该认识了解的科学技术历史与现实社会中的科学技术问题，力求实现有效的沟通。正因为坚持这种问题导向的原则，加上问题有大有小，占用空间有多有少，从而形成了这座科技馆主题内容多元分布、主题展厅空间差异较大的局面。这使我看到意大利人的性格与追求，也体会到了科技馆建设中的自由、随意与实用，同时也遵循应有的规则。这种规则对科技馆而言，就是对展览的价值目标和要选择的内容必须十分明确。在这里，我认为设计者主要从三个方面着手。

一是引导人们认知历史上的科学与智慧。达·芬奇科技博物馆有意识地把科技的历史引申得更为久远。走入这个馆后，看到的第一个主题厅就是在不超过200平方米的面积中，展示了距今1500年前的古罗马建筑工艺与技术，以世界闻名的万神殿（庙）为案例，详细介绍这座直径超过40米的穹顶建筑的用材和工艺水平（图1）。参观者在感受中古时期人们智慧的同时，也无不赞赏剖面模型的惟妙惟肖。让我感动的是，在这个科技馆里，展项旁都注明了设计者、制作者的姓名，这是对创作者技艺的褒赏与尊重。

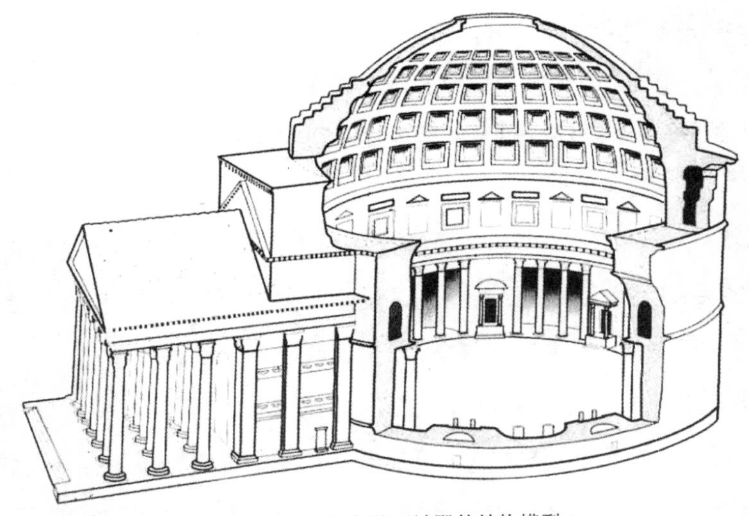

图1　1500年前万神殿的结构模型

在一个宽10余米的长廊里，靠近外墙一侧展示着40余台根据达·芬奇的设计图纸建造的各类机械设备（图2）。要知道，这些图纸仅占保存下来的达·芬奇设计手稿的1/5，而且距建馆时已有450年左右的历史。设备的建造者则是现代相关领域的专家和工程师。这是多么令人惊叹的人类奇迹。

博物馆的一楼和地下，安排了工业革命前后金属冶炼、锻造工作现场和大型机械的生产工艺技术的展示（图3）；在室外空间和一个大型库房里，则展示着火车、飞机、潜艇、大型运输机械等。

图2　根据达·芬奇500多年前设计的图纸现代制作的各类设备

图3　工业革命初期的传动机械

二是介绍人类对自身生存的世界所进行的无尽的科学探索。这部分的展示内容主要是通过三个主题展厅实现的：通过遥感充分展示在这个脆弱而美丽的星球之上，空气、湿度、植被以及海洋、河流与生命的关系；通过太空展厅，帮助认识宇宙的形成和人类认识天文的历程以及了解地球与宇宙的关系；通过一台量子对撞机的模拟演示，介绍人类对微观世界的探索历程（图4）。

参观这部分展示，让我看到我国科技馆在许多方面存在的差距。以“宇宙探索”展为例，我们多是把资金花到模拟太空舱的制作上，这是展示教育的技术投资，让参观者去体验不真实的感受。而达·芬奇科技馆的太空厅，则是从科学探索的角度，通过“傅科摆”出现在地球的不同纬度，认识地球在宇宙中运行的姿态、介绍伽利略观测星象的工具和成果、展示人类对宇宙的探索历程和太空星云图以及什么是宇宙速度等。

三是面对当代社会生活的实际问题，引导人们走上科技创新与生态发展之路（图5）。这部分内容是达·芬奇科技馆展览的主体，也是我看过的近20个主题展厅的主要内容，如“通信与人类文明”“材料科学”“能源系统及新能源”“食品与人类”“钟表与时间”“产品与设计”“金属产品的循环利用”等。

上述各主题展厅的内容选择和展示形式都进行了精心的推敲与设计，并给我留下了深刻印象。这方面体现的主要特点是：

（1）坚持贴近生活，从人们熟悉的生活讲起。如“食品与人类”展厅，开始就提出“从餐桌到生产”，引出农业种植、收获加工、运输存储、生态农业等一系列的问题。又如在“钟表与时间”展厅，虽然有数百种罗马钟表的展示，但主要说明的是“时间在流逝，如何记录、节约、珍惜和利用时间”。

（2）除了在展示宏观、微观以及肉眼难以辨识的复杂内容时，数字影像已成为必不可少的手段外，其他类型的实物展项也都普遍运用了声像媒体作为辅助手段，明显增强了科技馆的展示效果。

（3）科技馆的空间利用率很高。进入这座科技馆以后，到处可见不同主题展厅，甚至从一个展厅到另一个展厅都没有过渡空间。在参观的过程中，我只见到一处可供坐下来休息的地方，总共有20余个座位。其中，有10余个环形的沙发靠椅，另外10个是靠墙一排的木质硬椅，并在9个座椅的上方都悬挂了一幅意大利著名科学家的画像。有人指着那里说：你要成为科学家吗？一辈子只能坐冷板凳！

图4　量子对撞机展厅

图5　地球生态展示

# 西班牙自然博物馆的不同探索

去西班牙，我只看过两座自然博物馆。

一座是较为常见的自然史博物馆，它凭借自身丰富的馆藏，按照时间的纵轴展示着物质世界与生命的演化。如果人们初次接触这类博物馆，看到名目繁多的动植物标本和令人炫目的各类矿物宝石，可能会感到那是远远超出人类历史的一部大书，令人好奇、赞叹和敬畏。但是，看得多了，难免会觉得那里的展品只不过是大自然这座“工厂”生产出的“产品”。这种展示除了标明展品的名称、产地和所在年代以外，很少看到对它们存在的意义以及其与人类生命、生存和生活关系的阐释，也难以提出让人们思考的问题。我很怀疑，这类博物馆如此长期办下去，会吸引更多的参观者乐此不疲地前来吗？事实上，我所到的这家博物馆虽然场地宽敞，免票进入，但访客稀少。这让我产生一种危机感，看到传统的自然史博物馆正面临着严峻的挑战，但探索创新之路又在哪里？

另一座自然博物馆是位于马德里的西班牙自然史博物馆。从资料中得知，它是欧洲最早出现的一批博物馆之一，为西班牙国王查理三世于1771年所建，经过200多年的历程，于1987年成为自然科学研究中心，但在这座大型古典建筑的两侧仍保留了自然博物馆的展示功能（图1）。来到马德里，这里当然是我与同行者的必去之处。这里也没有令人失望，让我看到了当代自然博物馆的创新和探索，值得我们学习和借鉴。

博物馆的设计者并没有像传统的自然史博物馆那样，把45亿年的地球演化史作为一本“大书”展现在公众面前，这正如科技馆不可能把全部的科学技术内容都在馆里展出一样，只能进行主题展开式的展出。他们紧紧抓住

图1 馆内生物标本展示

了人们对大自然的应有认知和人类文明与生态和谐的关键，聚焦三个方面的主题——生物的多样性、生态保护和生物进化——进行生动、形象而又深入地展示，给参观者留下了深刻的印象。

在生物多样性展厅，运用多种案例说明不同生物的颜色、形态以及它们的习性与生存条件（图2）。这一切都是千百万年乃至数亿年进化的结果，其中两种因素起着决定性的作用，这就是它们不同的基因和不同的生存环境。

同时，所有生物之间又有着相互依依不可分割的关系。在生态保护主题展区里，集中反映了人类活动，特别是工业时代的到来加速改变着自身生存的环境和条件，破坏了生物链和整个生态系统，使全世界出现了有史以来第六次生物灭绝的危险征兆，同时提出了实施生态文明的措施。

图2　馆内的生物多样性展板

在生物进化主题展厅，除了从30多亿年前出现生命迹象开始，简述了生命的进化史以外，几乎占用了4/5的空间来展示人类的进化史。设计者运用了科普作家比尔·布莱森在《万物简史》一书中的形象比喻：如果把地球存在的45亿年视为刚刚过去了24小时，人类祖先的出现虽然至今已有500万年的历史，也仅仅是在24小时结束前的第77秒钟在地球上开始登场。设计者又按着77秒的不同时间段，展示了人类出现以后是怎样从猿变为“毛人”，又是怎样从浑身绒毛遮体到渐显皮肤光滑，直至遮羞、避寒、穿鞋等，这一切设计都是生动而又令人信服的（图3）。例如，在展厅里一堵模拟考古挖掘的墙体，从最上层的啤酒瓶子往下到农耕时代的工具，直至最底层出现的猿人脚印等。

看到这里，我想到“地球24小时”的历史大幕已经落下，新一天的序幕

图3　人类走上历史舞台

拉开了，人类已经出场并好像成为这个世界舞台上的主角，这之后将是怎样的剧情？我们难以预测。但人们不能忘记一个基本的道理——人类社会是在自然界中而不是自然界在人类社会之中，失去了地球家园也就失去了人类。这应该是自然博物馆的终极理念所在。

# 这也是一类科学博物馆

到马德里前，就认为西班牙的首都必然有一座科学博物馆。从互联网搜索中认定马德里火车站旧址上的博物馆就是我们要去的地方。径直赶到那里，买票进入，成为了当天入馆的第一批参观者。

因为未能得到一份参观导览简介，我就按照老习惯，按逆时针方向快速浏览了一圈，以便发现重点或是感兴趣的部分再细细观看。但20多分钟走下来，看到的情景让我颇感失望，难道这也能称为博物馆吗？——在老式火车站的3个站台两侧停放着4列火车：一列纵向解剖，参观者对火车机车到车箱的内部主要结构能够一览无余；还有一列火车专为观众提供上车休息或参观；也有一列作为餐厅使用；最左侧的一列火车示意待发启动。在入门右侧一排分割成大小不同房间的房子里，摆放着沙盘和列车运行图等物品；左侧的二层楼房是教室、会议室、火车大型构件的陈列等。在与博物馆大门对着的远处有一块不足3000平方米的空场地……也可能是这一天刚刚开馆的原因，这里的景象与一般的科技馆相比都显得格外空荡与冷清。我也看到比我晚进馆几分钟的3位外国游客，与我一样匆匆转了一圈以后，就离开了这里。

待我稍事休息后，还不到上午10点钟，这里的气氛变了，参观者逐渐多了起来。我看到先后有四五个班级组织的小学生团队来到了这里（图1），也有一些看似已经退休的老年旅游者有组织地陆续进入，使这里很快显现出了生机与活力。我起身走过去，带着几分好奇，想看看这些入馆者在这个基本上没有互动展项的博物馆都能开展什么活动？

图1　马德里铁道博物馆中的小学生参观团队

虽然语言不通，但我的思想和情感开始渐渐地融入参观者的行列之中。不知什么时候，停靠着几列火车的站台空间里回荡着旧时火车站里汽笛和轮轨行进中的轰鸣声；穿着工作服的老工程师站在被解剖的机车边给参观者介绍机车的构造与功能，并不时回答参观者的提问；在一个较大的房间里，服务人员向围观在大沙盘周围的人们讲述着火车站的历史与马德里这座城市发展变化的密切关系；在两间教室里，孩子们学习绘画或进行手工制作。最受孩子们欢迎的项目是在露天空场上，他们和老师一起坐上特制的敞篷小火车，游龙般迂回穿行在轨道线上，不时发出欢笑和叫声（图2）。可以看到孩子们有机会在“旷野”里迎风飞奔高兴极了。

图2 参观的孩子们乘坐敞篷小火车

在这座占地2万多平方米的老火车站博物馆里，可能还有很多的活动项目我没有看到，仅从能接触到的内容和形式中让我想到，科技馆绝不是一种固定的模式，它是公众从事科学体验活动的场所，这个场所可以是一个预先设计好了的知识传播空间，也可能是一个公众从事科学活动的平台；从未来的发展方向看，如何为公众打造这种活动平台则更受欢迎、更为重要。这种平台不是以展品为主导，而是创造必要的环境和条件，以参与活动的公众为主体，并配有必要的辅导人员，实现老子所说的“有之以为利，无之以为用”的境界。

我在马德里的这座博物馆里最为感动的就是：哪里有参观者，哪里就有服务人员。有人告诉我，这里的服务人员都是相关专业岗位退休的志愿者，他们不计报酬，又有很强的事业心责任感。

另外，我也认为，这个博物馆能够有目前这样的展教活动场面和效果，也一定是馆方与中小学校和社区街道形成某种共识协议的结果。

# 一段悲情与伟大的科技史展示

特斯拉(Nikola Tesla)是谁? 我试探着问身边的一些熟人，多数不知或说那是美国汽车的一个品牌。其实，我也是在两三年前听到这个名字，又在2016年参观西班牙的瓦伦西瓦科技馆时，我和许多参观者一样在“特斯拉”主题展厅里静静地看着、想着，才对这位“被世界遗忘的伟人”开始有所了解。但心中一直没有想明白，为什么一位如此非凡的科学家、发明家被历史淡忘，也无人传颂? 也许，给人们留下的无尽思考才正是这个主题展示的意义所在吧!

整个展览如同让参观者观看一部时时感动人们心灵的专辑影视，生动地展现着特斯拉伟大而又坎坷的一生。

特斯拉是1856年7月出生在克罗地亚的塞尔维亚人，家境贫寒。他在奥地利的格拉茨大学学习物理、机械和数学专业期间，因交不起学费而被迫退学。他虽然找到了一份工作，但不能满足自己继续学习与探索的强烈欲望。最终，年轻的特斯拉得到了雇主的理解和支持，并主动向当时已名扬世界的发明家爱迪生写了一封自荐信，信中写到：“……我知道有两个伟大的人，一个是你，另一个就是这个年轻人。”

托马斯·爱迪生(Thomas Edison)，一生中善于进行集成式创新，并重视将创新成果转化为使用产品的发明家、企业家，他的1000多项专利产品如电灯、印刷机、摄影机、留声机等以及直流电的生产和应用，对世界产生了重大的影响。

1884年，特斯拉来到纽约进入了爱迪生实验室工作，爱迪生交给他的第一项工作就是在预定的时间里完成直流发电机的重新设计。爱迪生认为这是一项特斯拉不可能完成的任务，所以表明如能实现目标，将给他一笔5万美元的奖金。这在当时被视为一个天文数字。结果，特斯拉的设计任务如期圆满完成，但爱迪生的奖赏承诺并未兑现，只是向特斯拉轻松地说：我只是与你开了一个美国式的玩笑。这让特斯拉很不愉快。特别是爱迪生钟爱自己发明的直流发电机，并极力贬损交流电的应用；而特斯拉看到了交流电的发展前景，决心致力于交流电的生产、传输的研究与应用。二者终因“交、直流电之争”分手了。几年以后，特斯拉的交流电照明系统在哥伦比亚博览会上成功展出，成为了“电流之战”的最终赢家（图1）。至此，特斯拉没有停止探索创新的脚步，在发明了交流发电机后，又创立了多相位电力传输技术，最早（1895年）为美国尼亚加拉发电厂提供了制造发电机组和传输系统的技术服务。为了实现他的梦想——给世界提供用之不竭的能源，他毅然放弃了交流电的专利权，有力地推动了交流电在全世界的应用，也为世界从蒸汽机时代走向电气时代的第二次工业革命，起到了不可替代的作用。因此，在这个展览中，特斯拉被称为“电力与现代电子工程的先驱”，是“创造20世纪的人”。

图1　特斯拉与交流电

但令人不解的是，他的这些重大发明却未能改变自己的生存状态。展示的资料中记述了特斯拉晚年在纽约的生活：他从一个旅馆搬到另一个旅馆，一个比一个糟糕，最后住入“纽约客”，直至1943年1月7日因心脏病死于旅馆的房间里。

至此，历史将如何评价特斯拉其人，人们又该怎么认识特斯拉所处的历史和生活的那个世界呢？这里我想有必要全文引述这个主题展的结束语，这可能有助于理解上述问题。[①]

“毫无疑问，特斯拉是一个被埋没的天才。他家境贫寒，被迫退学，却以超人的智商和努力坚持信念。他献身科学，拥有上千项发明专利，却终身未娶。

他的研究领域涉及交流电系统、无线电系统、无线电能传输、球状闪电、涡轮机、信号放大发射机、粒子束武器、太阳能发动机、X光设备、电能仪表、导弹科学、遥感技术、飞行器、宇宙射线、雷达系统、机器人等。

他被爱迪生无情打压，却始终顽强地证明自己的观点；他对社会无私奉献，放弃专利版权，晚年却贫困潦倒；他因晚年怪异的理论发现而被视为疯狂的科学家。

今天，当现代社会到处坐享特斯拉的遗产和成果时，我们应该铭记这位为人类做出巨大贡献的科学超人——尼古拉·特斯拉。”

看到这里，我感到结束语讲到关键处似乎戛然而止，这是有意“留白”，还是没能讲透？这就是我认为这个展览应该让人们记住这位科学超人的什么？仅是他的名字和天才吗？当然不是，而是他对科技有着崇高的信念和为之奋斗的精神，还有令人敬仰不计名利的高尚品格。同时，我也看到，虽然历史终究给予特斯拉无上的荣誉，但他的一生也充满了悲情（图2）。这是因为他或任何人的奋斗都不能完全摆脱他们所处的那个社会与人文环境，去排除那里的世俗障碍，更好地引出创新发展的源泉，这是任何时代科技与社会进步

① 引述内容主要源于孙莹女士的译稿。

要解决的问题。

同时，从特斯拉主题展也让我思考科技史应该怎样在科技馆中出现？不能只有器物类的收藏，一定要有体现思想、精神和情感的事件与人物，这样才生动深刻并触及人们的灵魂，才能引发人们的深入思考。

图2　特斯拉悲情与伟大的一生

# 让城市的生活更美好

转眼间，由上海市承办的2010年世界博览会已经过去6年了，但在一定层面上对这届世界博览会主题的讨论并没有停止。这就是应该坚持当年大会提出的“城市让生活更美好”的主题，还是必须修正为“让城市的生活更美好”？我曾在参观博览会的一个城市展厅后到欧洲的相关城市进行考察，认为答案应当是明确的，这就是我们的口号不应该产生单纯地推动“造城运动”的误解，而应该形成共识——积极改造和建设更多的生态文明城市。

记得2010年在人流如潮的上海世界博览会上，在一位参与博览会筹备工作的友人引导下，我艰难地从一个国家展厅涌动着的人流中走出来奔向博览会中的“城市实验区”。那里是世界上有代表性的城市在后工业时代，面对着人口增加、资源匮乏和城市污染等诸多矛盾，探索生态文明建设的案例展示。

来到这个展区以后，看到这里有完全依靠太阳能供给能源的住宅、垃圾与污水零排放的处理系统以及城市地下空间的利用等内容，给参观者展现了城市未来生活方式的不同场景。当我走进巴塞罗那城市展厅时，首先看到的是一行悬挂着的大字：“在万千变化的世界里，总有一个不变的东西……” 我一时分辨不清这是诗意、隐喻，还是哲理性的导语？只是怀着很大的兴趣沿着设计者规划的路线，去探寻着这行大字后面省略号中的答案。其实，展示的形式与手段并没有什么出奇之处，只不过是一些图文版与电子声像媒体的运用，但真实生动地反映了巴塞罗那这座欧洲著名城市工业革命以来的变化，并逐渐深入地反映了人们在自身文明进程中的醒悟：200多年前，这里山清水秀，面向大海，风光宜人，哥伦布曾从这里出海越洋发现了美洲新大陆，尤其是发达的海上与陆路贸易，为这座海滨城市增添了不少异样的风采。但是近一二百年以来，工业革命的浪潮不可避免地涌入了巴塞罗那，政府和公众几乎都把对未来的憧憬和梦想完全寄托在了科技发展与工业生产上了。结果，绿地在减少，水源与空气受到污染，人们愈来愈感到城市生存空间在缩小，生活质量在下降，都期盼着城市经济生活的发展一定要与自然生态相和谐，把科技工业的发展与人类命运的关怀和生活品质、环境美好融为一体，实现真、善、美的融合。这是人类文明过程中一次理性的重要升华，也是人类“在万千变化的世界，永恒不变的追求”。

因此，这个展示的后半部分介绍了巴塞罗那在行动：美化了海岸的景观，增加了公共文化服务设施；拆迁了大片的工业厂区，还绿地于城市；大力推进风能、太阳能发电设施的建设等。

2016年年底，我去西班牙考察那里的博物馆建设，也见证了巴塞罗那曾在上海世界博览会上提到的“绿色行动”，看到了原来的一片厂区虽然早已失去了生产能力，但还高高地矗立着3座大烟囱（图1）。我问当地一位知情者：“那要进行爆破拆除吗？”他明确地回答：“不！政府要把这个景观留存下来，作为工业时代的纪念。”我认为这也表明了政府和全社会进行生态文明建设的决心，而且这种决心正在成为一些西方国家推进现代社会发展的一个大的战略思考与行动，并正在落实到社会生活的方方面面。在考察中，我发现那里的街道、楼房以及每个住户都在极力地扩大绿色的覆盖面积；一个长途汽车服务区，完全用太阳能解决了自身的能源需要；在西班牙和意大利的几个城市里都能听到居民议论垃圾分类管理最严厉，如果回收人员发现了没有分类的垃圾，就要千方百计找到它的来源，甚至对整个单元楼住户进行罚款，达到住户之间互相监督的目的。这是多么具体的生态文明工作啊！

由此，又让我想到上海世界博览会的主题：城市让生活更美好。这个主题把市民生活得更美好的主体视为城市，这是理念与逻辑上的一个错误。历史上曾有人说，城市是人类文明的火车头，但他没有注意到这个“火车头”也会冒出黑烟、污染社会。据来自上海的一种权威说法，上海世界博览会主题的英文原

图1 巴塞罗那原有工业厂房已迁除，林立的烟囱已成为工业革命的纪念碑

意没有错，但对“Best City Best Life”翻译得不够准确，应该译为“让城市生活更美好”，这样，就会让人们意识到，要建设一座充满活力的发展型城市、生态城市、文明城市和服务型城市，其行为主体必然是政府和广大公众。

# 值得关注的现代科技馆之变化

我在欧洲的科技馆发现，只有巴黎工业博物馆和佛罗伦萨的伽利略博物馆坚持“经典”，其展示的基本内容长期不变。其他各大科学类博物馆的内容、形式甚至展教理念都在不断变化。变化，已成为科技馆区别于其他类型博物馆最重要的特征，也是其发展的活力所在。那么，当代科技馆最值得关注的变化走向是什么?

2016年11月，我去南欧有幸连续参观了3座21世纪才开放的科技馆，分别是2004年开馆、2006年被评为欧洲最受欢迎的巴塞罗那科学博物馆，馆名为“宇宙之盒”（西班牙文名字“Cosmo Cajxa”，图1）；2012年开馆的科学博物馆，位于瓦伦西亚科学艺术城中；还有2013年开馆的特伦托科学博物馆。它们与传统科技博物馆和科学中心的差异明显，给人耳目一新的感觉（同时也看到三馆彼此之间也存在着一些共同之处）。难道这是当代科技馆发展的一种潮流或是趋势吗?

图1 巴塞罗那科学博物馆

## 一、追求科学探索与自然演化的融合

这种在展教理念以及内容与形式上的创新，目前在中国还未曾出现。从相关资料中可以看到巴塞罗那科学博物馆建馆的指导思想：科学源于人类在客观世界中的认知，科学博物馆就是要回到真实的世界里进行探索和认知。所以，这个馆将4500平方米的主展厅（面积最大的地下第五层）划分为五部分：无生命展区，展示生命没有诞生时地球的状况；生命展区，从38亿年前生命诞生开始，展示各类生命的化石；智慧展区，通过各类自然现象，引导人们对基础科学进行思考；人类文明展区，实际上是对人类学的展示；最后一部分运用1000平方米的面积展示亚马逊热带雨林的生态系统，观众在立面玻璃之外可以看到栩栩如生的雨林景观。在场馆地下四层科技活动空间的四周，还有65米长的真实地质岩层立面，展现出一幅壮丽多彩的地质画卷。

意大利的特伦托科学博物馆则力求全面诠释“科学博物馆”前四个字的真谛：“科学”包括生物学、地质学等各门类自然科学；“博物”包括动物、植物等多样性生物，并反映生态系统的变化等（图2—图4）。所以，地球上的每一种生命和每一种物质（包括人为创造和自然形成的）彼此间不应该存在边界，而是相互关联的。科学博物馆要全面反映科学与博物学的相关性、整体性。

图2　太阳能供电的特伦托科学博物馆

图3　特伦托科学博物馆里的生物展项

图4　特伦托科学博物馆里的基础科学展项

西班牙的瓦伦西亚科学博物馆（图5）虽然没有上述两个馆那样把自然与科学紧密结合，但进入博物馆的长廊，就可以看到矿物宝石和动植物标本的展示。在主展厅里，除了有基础科学、历史上的科学家等主题外，“生命科学”和“森林与木材的秘密”等与自然密切相关的主题展示内容也占有较大的比重。这表明自然博物馆与科技馆的融合之路已在不断探索中向前延伸。

图5　瓦伦西亚科学博物馆独特的建筑外形

**二、公共科学文化服务设施的功能性及其内容与形式的多元化、灵活性**

在参观这三馆的过程中，那些与中国科技馆存在着差异的地方总会给我留下深刻的印象。我也常在思考孰是孰非，也在考量这种差异是否是由于不同的国情造成的。

这些不同之处主要有如下三个方面。

（1）馆内不同功能的公共活动空间出现新的变化。巴塞罗那科学博物馆里的公共活动空间分为以展示为主的主题展厅、教室和实验工作室、商店与餐饮服务等，三方面的内容几乎各占1/3。在特伦托科学博物馆，走入宽敞明亮的公共大厅里，特别醒目地划分出四个功能区域：咨询服务、衣物包裹存放、衍生品商店、餐饮服务，充分体现科技馆展教与服务功能的多元适应性。

（2）科学博物馆中的常设主题展与短期专题展并没有明显的界限。单纯强调展品、展项更新淘汰率的观念得到了修正，当代科技馆越来越重视展示主题的变更与创新。

（3）在不同的国家或不同的科学类博物馆中，儿童活动空间的设立存在着较大的差异。中国各地的科技馆建设，其中“儿童天地”已成为不可缺少的重要组成部分。在这一点上，中国的科技馆发展显然受到法国科学工业城的建馆模式影响较大。但在美国探索馆、巴黎发现宫以及巴塞罗那科学博物馆等一些世界知名科学博物馆，并没有专设“儿童科学乐园”；在瓦伦西亚和特伦托两个新建的科学博物馆，也只为部分学龄前儿童提供了很小的活动场地。博物馆业内对此存在不同的意见，一些人坚持科学博物馆应提供更多、更好的成年人与儿童共同活动的环境和条件；也有一些国家，如美国和日本更重视建立专为儿童服务的活动中心等。中国各类科技馆在这方面的发展之路将如何走，还有待于继续探索。

## 三、科学博物馆建筑越来越表现出鲜明的时代特征，追求科学、人文与自然的和谐之美

这里提到的三个科学博物馆的建筑，代表了当代西方甚至世界大部分国家建设科技馆的基本情况：①科技馆是一座城市文化构成的一部分；②科技馆仅是城市中某地域的一个独立建筑；③科技馆由老建筑改造而成。

中国在近30年的城市改造与建设的总体规划中，为发挥公共文化服务设施的集群效应，多把各类博物馆、图书馆、剧院等集中在一个区域里建设。实际上，这不是中国的独创。在华盛顿的国家大道两侧、伦敦的南肯辛顿州、巴黎的塞纳河沿岸等都集中了众多的文化建筑和设施。由西班牙著名建筑设计师卡拉特拉瓦设计的瓦伦西亚科学艺术城，包括海洋馆、天文馆、科学馆、歌剧院四部分，用14年的时间在21世纪的第一个十年里完工并对外开放，这里从此成为瓦伦西亚现代化的象征和重要的观光景点。其将动物骨骼和鸟类羽毛的元

素融入艺术结构之中，因奇特绝美而被称为“外星建筑”。四个场馆又用长廊与带状水池连接起来，整个建筑群充满了自然和谐的韵律。这是值得我国同类设施规划建设借鉴的一个案例。

在莎士比亚著名剧作《罗密欧与朱丽叶》的故事发生地特伦托，2013年完工的科学博物馆显得格外清新明亮。三座建筑高低错落的顶部呈“人”字形，映衬着远处起伏的青山，屋顶铺满了光伏电池板。为充分引入光线，建筑的南北立面安装了通透的玻璃；有的楼层展示空间则特意避开自然光照；向南的一侧设有教室和工作室，还有观光电梯和可以欣赏四周美景的阳台。整个建筑可以给人一种通透开阔、融入自然的感觉。

巴塞罗那科学博物馆原建筑始建于1904年，至1909年完工，曾长期作为残疾人庇护所，直到1979年被关闭，之后被改造为博物馆。在20世纪末，这个馆进行了全面改造，只保留了正面的红色砖墙和门窗，背靠青山向下深挖20米，建起了“自生根”的钢结构六层建筑（地面一层加地下五层），新建筑面积达到5万平方米，是原建筑的4倍。改造工程于2004年完成。

# 东瀛探幽

# 一个现代专题科学中心的探索

2015年10月，我们从名古屋出发，穿过城市建筑的“丛林”，向南驱车40分钟，来到了一片超过1平方千米的平地，爱知健康科学中心就建在这里（图1）。

图1　爱知健康科学中心

这是日本爱知县一个著名的“健康森林公园”。园中还有国立长寿研究中心、幼儿研究中心等机构，当然更多的是绿树成荫的植被。我们走入科技馆接待大厅，等候多时的加藤先生热情地陪同我们考察了建筑体内的不同区域和功能厅（图2）。整个过程令我惊奇——现代公众科学服务中心竟然可以建设成这样！

图2　爱知健康科学中心的服务台

我称它是一个健康科技馆，但加藤先生纠正说：我们的全称是“爱知健康广场（Aichi Health Plaza）”。这是一座4.3万平方米的建筑，其中分为四大功能区域：一是健康科技馆；二是健康开发馆；三是健康住宿馆；四是健康情报馆。

健康科技馆仅占整体建筑的1/10左右，这里分为三个展区：人体的科学，是对人体中消化、呼吸、血循环等系统的展示和认识；健康的科学，主要是介绍如何预防疾病；脑科学，揭示了脑的结构及各部位的功能。这个馆的主要服务对象是少年儿童。由于这个馆的常设展览内容已有13年没有更新，显得有些陈旧。但他们多年坚持一年至少开放四个临时展览，取得了很好的效果，每年到这里参加教育活动的中小学生共有8万余人。

健康开发馆，这是“爱知健康广场”的核心区，也是四馆之中占据室内公共空间最大的功能区域。在这里，配有先进的设备可以对人体的各种生理功能进行检测，专业工作人员可以向公众提供健康咨询服务，并指导公众进行针对性的功能恢复性训练。健康开发馆里有室内步行道、球场、游泳池以及各种运动器材设施，我看到在这里接受服务的人中老、中、青皆有。2013年，这里共接待了43万人。

健康住宿馆，这是与健康开发馆配套服务的地方，为在这里进行“体疗”“食疗”的人提供了必要的食宿条件（图3）。

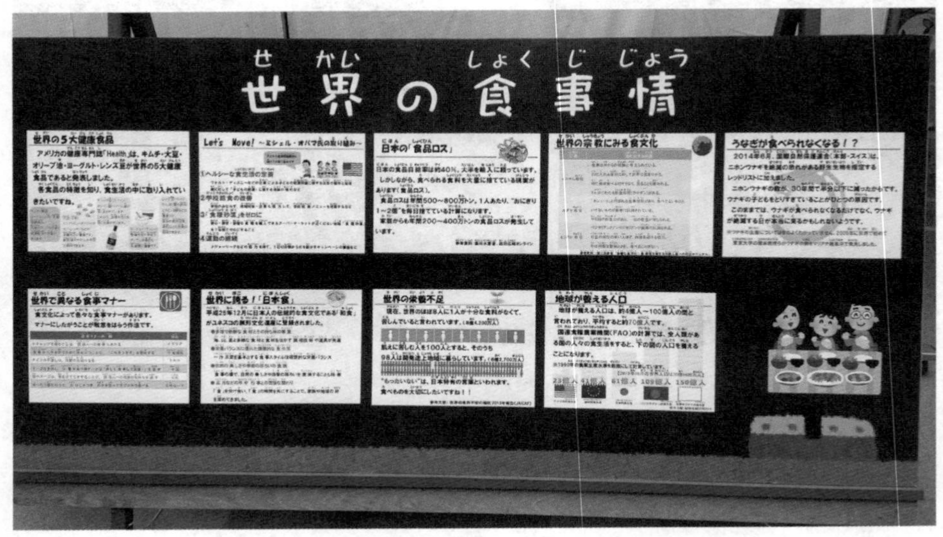


图3　爱知健康科学中心展示的饮食文化

健康情报馆，收藏了12000种有关生命与科学生活的书籍和刊物。宽敞幽静的学习大厅向公众提供了很好的阅读环境与条件。

这里是一个面向公众提供专项服务、综合配套、跨界管理的科学中心。这里的员工共有50人。他们多是由医务部门、体育组织、物业公司等单位派遣来的医生、运动指导教师、营养师以及住宿管理服务人员。

加藤先生说，这个项目虽然在13年前就开始运行了，但目前还处于探索阶段，依然存在不少困难。“爱知健康广场”属于社会公益性设施，归爱知县政府管理，但政府的投入十分有限，科技馆里的展品、展项已经13年没有更新了。因此，3年前他们将单纯由政府管理的模式，改成现由丰田公司负责运营管理，还要保持以公益为主的特征。他们希望新的管理模式能够为“爱知健康广场”带来新的变化，最主要的是受到公众的欢迎。

# 名古屋科学馆的吸引力

在日本参观过的博物馆中，我认为名古屋科学馆算是最有名气和人气，也深受公众欢迎的一个馆了。

这座建筑面积43000平方米的公共科学文化服务设施，平均每年接待观众量远高于日本国内同类型的其他科学技术馆，已连续多年超过这个城市拥有人口的半数以上，达到了140多万。因此，它被业内人士称为日本最有吸引力的博物馆之一。它的吸引力究竟在哪里?我怀着好奇的心情和学习的态度，探寻着这座与中国各地科技馆最为相似的综合类科技馆的不同之处。因为任何事物的特质往往是蕴藏在它们的差异之中，但又实在难说我们看到的就是它的差异和特质。至于名古屋科学馆对公众的引力所在，也更是半天时间的浮光掠影式的考查难以看清楚的了。

## 一、名古屋科学馆坚守的建馆理念

名古屋科学馆源于纪念名古屋建市70周年，于1962年建起了天文馆，相继于1964年又完成了理工馆，并实现了三个分馆通道连接，至此成就了今天的名古屋科学馆。进入21世纪以后，最早建起的天文馆和理工馆的内容与表现形式已不能适应形势发展的需求了，特别是经历40多年的建筑已经老化，抗震性能不达标，也缺乏无障碍通道和展教面积不足等各种各样的问题。因此，于2007年决定对科学馆进行整体改造，在2011年年底全面完工并重新对外开放。

从这个馆相关部门提供的资料中可以看到，他们在建馆以后50多年历程中始终坚守着这样基本的理念：

（1）让观众理解科学的原理及其应用，并能够让他们对科学产生无穷的兴趣。

（2）引导观众思考人类与科学技术的关系。

（3）针对社会上普遍关注的重大问题，能够让公众从科学的角度给予理解和回答。

（4）为市民提供一个终身学习科学的场所。

博物馆，也对自身的更新改造提出了指导方针和目标定位，即“五馆”要求：要建成可以感受到科学乐趣的科学馆；成为无论多少次到这里来都想再去的科学馆；能够培养儿童热爱科学的科学馆；引导人们能够认识当代地球环境的科学馆；各学科领域相互关联的科学馆。

名古屋科学馆在21世纪完成全新改造以后，由铃木胜先生为该馆设计了吉祥物：阿萨拉。即根据这个馆展教内容建设的三大板块（宇宙——Astro；科学——Science；生命——Life）三个英文单词的字头拼写而成，用以激发人们的自由想象力。这个图案可能是宇宙中生存的未知物，也可能是原子和能量，还可能是生命之源或阿米巴等形态等。

我认为，以上的建馆理念体现了世界现代科学中心的基本价值追求。

## 二、名古屋科学馆的三大主题展馆

这是一座展示教育内容比较丰富而全面的科技馆，生命馆、理工馆、天文馆是名古屋科学馆三大主题内容。

这个馆把理工馆作为核心，布展到中心大厅以上的建筑内。我理解这部分的整体设计思路是按照不同楼层，自下而上地展示了有趣的科学、科技应用的现实世界、对基础科学理论的探索，突出能源、材料和信息三大领域的内容；在最顶层设有科学实验室，适时介绍当代世界科技发展的最新动向和成果等。这让我看到他们对科技的展教是从激发公众兴趣入手，接着对科技发展的纵向与不同学科的交叉内容比较全面地进行了展示。例如，在第二层“不可思议的（科学）广场”里，运用声、光、电及力学原理展示了各种奇妙现象：过山车、跳动的沙子、悬浮的小球、梦幻般的镜子、消失的身体等；在第三层“技术的拓展”里，以名古屋这座现代化城市为背景，展现了交通运输工具的进步与各类自动智能机械的发展；第四层“科学原理”部分，有设置在天花板上长度为10米的横波与纵波的发生装置、诸多的电磁现象与原理、声音的透镜、用数字表现自然等；第五层“物质与能量的世界”是一个内容丰富的展厅，这里有超大型的元素周期表（图1、图2）、身边的材料大图解、辨识香料、比较弹簧的弹性、热传导、记忆合金、超防水与超亲水以及陶瓷业等；第六层是“与最尖端的科学相遇”，这里重点介绍了对宇宙和地球深处的探索。在这个楼层里，也建立了一些科学工作室。需要提出的是理工馆，还有跨越楼层的五大体验室：放电室；水之广场——反映云、雨、川、海的循环；龙卷风室；极寒室——可体验零下30摄氏度的温度）；在顶层的楼板之上有一个“星星广场”，设置了天文观测设备，为市民提供一个白天和夜晚都可以观察天空的场所。

图1　元素周期表展示

图2　元素周期表中锰、钛元素的展示内容

1989年建立的生命馆是名古屋科学馆中历史较短的一部分。在地下二层科学大厅的挑空部位，不停摆动着的27.9米高的傅科摆，特别引人关注。在二至七楼的各展厅里分别展示着地球的变迁、古生物的演进、人类的家园以及人类的奥秘等（图3）。这个馆的相关负责人告诉我，生命馆已列入近期改造计划，要强化人类文明与自然和谐发展的时代主题。

虽然在世界各地的科技馆里，天象观测一般不是一个馆的核心内容，但名古屋科学馆左侧中上部的球形天文馆却成为了这里的地标性建筑，其内容也深受广大公众喜爱。特别是2011年完成改造以后，天文馆内外景象焕然一新：穹

图3　科技馆中的生命演化展示

幕内径由改造前的20米扩大为30米，成为当时世界上最大的穹幕；坐席的数量从旧馆的430个减到350个，使它可以左右旋转并能向后几近放平；这里安装了光学天象仪，也配有激光系统、音响系统和综合调配输出系统，实现了24000像素、360度的影像投影，使观众能够在这里观赏到一年四季蓝天、星空、早霞与晚霞的位置变化与不同景象。这座天文馆的突出创新之处是每个月都有不同的主题，把丰富多彩的天文学内容和适时变化的天文现象介绍给观众。

在天文馆里，也有“宇宙的姿态”展厅和科学大舞台。我很欣赏这个馆把球形建筑称为“Brother Earth”。据说，这项工程是日本Brother工业株式会社给予了很大的资助，其寓意更在于宇宙万象就是由数千万亿个星系、星云、星团和星球构成的，它们之间以及人类与它们、与地球，又多么应该似兄弟之间的关系呀！这也是人们应有的宇宙观。

## 三、名古屋科学馆的设计特色与启示

这是一座地下二层地上六层（局部八层）的建筑。

科学馆的展示内容建设是按照生命馆、理工馆、天文馆三部分，把这座4万多平方米的建筑纵向分割成为三大板块，即从内容设定的意义上讲，可以把整个科技馆视为由三个分馆合并而成的；但从建筑结构上讲，各楼层彼此间又有相连的通道（图4）。这对公众而言，确实存在着一个是按照什么顺序参观的问题。

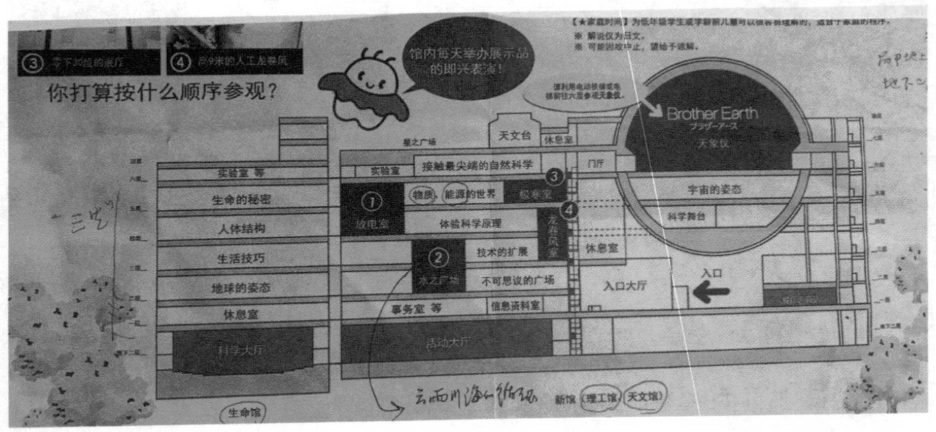


图4　名古屋科技博物馆参观导览图

按照目前的内容分类和布展格局，设计者的意图是希望参观者在同一个单元里，对同一类内容自下而上地参观，以有利于把握相关知识的系统性、完整性。但是，科技馆里参观者的随意性是难以控制的，我在现场看到，生命馆里的参观者并不都是依次自下而上地参观，几乎每个楼层都能通过横向通道进入理工馆。这种状况，在世界上我所看到的一些科技馆里是极为少见的。名古屋科技馆出现的这种情况是它三期建设后必然要形成的建筑格局。但从实际的展教效果看，名古屋科学馆以三大单元为主题建构，出现纵向分割与横向交错的展示空间，是否也对合理地利用建筑并达到最佳展教效果，也带来一些有益的启示呢？结合这个馆的展示理念和展示技巧的运用，感觉如下几个问题是值得进一步思考的。

（1）大型综合科技馆几乎都是高度有限而体量较大的建筑。科技馆内容建设的传统布展方式，总是在同一层有2—3个或更多的主题展厅，使观众在横向的穿行中不断进行认识方向的交错变更，这样是否会忽略了对刚刚学习的知识的回味和消化吸收的过程，也容易产生心理上的疲劳感？相反，如果像名古屋科学馆这样把一些相关的科技知识的传播形成相对独立的空间，既保证了观众在接受有关知识的系统性、完整性的同时，也使他们在不同展示单元或楼层间的变换过程中获得一些必要的缓冲。

（2）大型科技馆建筑功能的纵向分割，往往对建筑的设计、建造、节约投资成本以及合理利用空间、方便后期运营等创造了有力的条件。

科技馆的建筑设计不同于商品住宅或商品用房。后者的标准化、模式化程度较高，而科技馆根据功能分区和展示设计的不同内容，都会对建筑的柱网结构、不同部位的横梁跨度以及楼层高度、楼板载荷和空间大小等提出不同的要求。特别是现代科技馆中的天象演绎和特效影视与各类主题展厅统建在一座楼房之中，又配有必要的各类服务支撑系统与设施，科技馆建筑的适度纵向分区就显得十分必要了。实际上，我国若干座大型科技馆的建筑设计都不同程度地考虑了这个问题。

（3）名古屋科学馆对每个展厅的地面、墙立面和空间的利用是充分合理的。我们知道，在任何一座科技馆里，总有一些自然标本和金属、陶瓷、化工产品以及机械构件等，只能观察认识而不能互动。他们把这类展示内容尽可能利用墙面进行布展，如图5的生物展示形式；为了让公众了解城市地下各类设施，设计者在展厅里辟出一块场地，参观者可以走入“地下”了解那里纵横交错的通道、各种网络构成的另一种世界；对能源的展示，如对太阳能、化石能源、风能、原子能以及生物能源的开发利用等，都是通过实物展示和图文版对空间的综合利用实现的。天文馆的大型球体在建筑体内形成的曲面空间也得到了充分的利用。

图5 科技馆中生物展示形式

## 四、名古屋科学馆的突出特点

名古屋科学馆在建馆理念上的一个突出特点，就是他们的展教内容都力求最好地实现与社会发展和大众的生活实际相结合。例如，家庭使用的洗衣机、电视剧、马桶等在展厅里都有解剖展示，告诉观众怎样使用才安全又节约；在一堵约20平方米的墙面上展示的元素周期表里，每一种元素都附有人们在生产和生活中的一种相关物品，以说明该物品的意义和价值；就是在天文馆里演示的内容也关系到名古屋市民一年四季能够看到的实际景象。

我想，以上这些都形成了名古屋科学馆对大众的吸引力吧！

# 关于展示未来的理念

未来，是人类共同的走向，也充满着现代人们的希望和梦想。因此，一些科技博物馆的内容设计不仅要有过去与现在，也要讲未来（图1）。但如何讲？主要涉及展示未来的理念问题。

图1　日本国立科技未来馆二楼大厅

进入21世纪以后，中国科技馆内容设计方案，明确提出了五大板块的内容：华夏之光（展示中国古代的科技文明）、探索与发现（展示基础科学部分）、科学与生活、挑战与未来、儿童天地。方案得到了较多人的赞同，认为国家科技馆的展示就应该从历史到当代并面向未来，体现内容自洽的逻辑，创建一个具有无限张力的展示空间，特别是挑战与未来主题展厅很有时代性，应当成为全馆最能吸引人们驻足关注与思考的部分。但开馆以后的实际情况并非如此，挑战与未来展厅没能激发参观者的兴趣，并成为这座新馆开馆以后，馆方最先提出要进行改造的展厅之一。对此，我作为曾参与这项工作的当事者感到十分遗憾，并经常思考问题的根源在哪里？

2016年年前，我应邀赴日本进行学术交流，也很高兴有机会访问日本国立科技未来馆（图2）。这是一个总面积只有41000平方米的建筑，这里虽然不见人满为患的场面，但参观者也是络绎不绝。在未来馆宣传折页封面上的第一句话就是：日本国立科技未来馆是以科学的观点理解现今世界发生的事情，并思考应创造一个什么样未来的交流场所。这个馆企划室的一位先生告诉我，未来馆的理念是2050年的社会是什么样子？让我们共同思考，创造未来！通过与日方同行的深入交谈和饶有兴趣的参观，使我很受启发，也不断产生与国内科技馆共同发展的联想。关于展示未来的理念，我们的思想与行为之间似乎存在一种悖论：关于未来的展示，设计者总想告诉大众未来是什么样子，但又难以说清楚，因为可以说明白的未来，观众也是明白的，也就不是未来了。实际上，我们在这方面的展览基本上是在这种矛盾的困境中进行着。

图2　在国立科技未来馆作者与机器人交谈

对比而言，日本国立科技未来馆却不是这样。我感到他们在内容设计与展示形式上主要是在理念上把握住了如下几点：一是明确“探索世界、创造未来”的建馆主题，特别强调我们提出的未来不是空想的未来，是解决现实问题、走向美好的未来；二是科技未来馆围绕着人类文明进程和科技发展中要解决的若干重大问题进行展示，如，宇宙探索、地球环境、深海调查、生物工程、脑科学、地震预测、防止核泄漏等一系列主题；三是反映这些方面的问题与人类文明社会的重大关系，以引起公众的高度重视（图3）；四是如实介绍日本为解决相关问题正在进行的科研工作，也介绍国际上在有关方面的科技发展情况；五是在每个展厅内容的结尾处，都留出一个空间，征求参观者对相关科技发展的意见。这让我想到当代社会提倡“众筹众创”的思想。

图3　关注地球能源与人类社会发展

科技未来馆特别重视与参观者在馆内的互动，为此，他们在馆内配有50多名传播员，分别承担针对不同主题内容面向参观者的交流服务。

座谈会结束后，负责全馆传播工作的落合小姐带我到各展厅参观。她向我反复强调科技未来馆的展示不是单纯地传播知识，而是不回避人类面对的现实问题，也介绍科技发展的前沿，我们提出到2050年世界将会是什么样子？让观众思考或是参加谈论（图4）。每年我们都汇集参观者提出的上万条意见，经过分类筛选后，送到国家有关单位给予研究或答复。我感到这无疑是科技馆与公众互动的良好方式。想到这里，我请落合小姐给我看一份参观者提出的建议，她顺手从展厅的粘贴板上取下一份写满文字的便笺，看过后笑着对我说：这是一位女生写的意见，她认为如今科技快速发展，网络与大数据的快速发展和应用，社会应当开发出一种设备，只要我把自己的年龄、星座、爱好、家庭等多种信息输入后，就能够显示出我要寻找的如意郎君在哪里。落合小姐接着说：大众的需要和建议，往往是专家们想不到的。这个事例也让我进一步看到，科技未来馆的核心理念就是吸引公众参与互动。互动不只是在兴趣中拉动开关或按下电钮的操作，而是吸引公众能够参与到科技与社会发展以及与每个人命运攸关的思考和讨论中来，这不仅应当成为现代科技馆面向未来进行展示教育的一个重要理念，也是传播科学、实现公众理解科学的必由之路。

图4　科技未来馆充满未来关切与互动的展厅

# 琵琶湖畔上的沉思

乘坐去往日本滋贺县的列车到大津，再换乘大巴不过10分钟的时间就可以看到一望无际的琵琶湖水面，很快，要访问的琵琶湖博物馆就近在眼前了。

有资料介绍，在10万年前形成的湖泊就可称谓古代湖泊了，而琵琶湖的历史已有400万年，目前水面达到674平方千米，平均水深41米，供应大阪地区1400万人口的用水，也称为日本第一大湖。就是在这样的背景下，傍湖而建的博物馆应该是什么样子？这很让我着迷。

在24000平方米的建筑里，博物馆的展教内容共分为五大板块：地质历史、人类历史、湖泊环境与人类生活、水族馆、探索馆。

我和同行者刚走入博物馆，一位在这里学习并工作的华人研究生就给予了热情接待。我们马不停蹄地开始参观馆区和每一个展厅，在听取她介绍的同时，也不时进行交谈并翻阅着送给我的《琵琶湖博物馆简介》，让我产生了一个突出的印象：这是我以前不多见的庞大的展览。博物馆的展示好像从室内到室外无边界地向四周扩展着，包括湖水以及流入流出的溪水，还有博物馆自种的一片水稻和蔬菜地以及周边的原始森林。这里也有模仿日本传统农居而建的参观者活动场地，保存了一个良好的原始生态环境。毫无疑问，这是一个内容十分丰富的综合类自然历史博物馆，其中也包括了在世界传统的自然史博物馆里少见的人类学方面的展示。

地质历史部分：从2500万年日本海开始形成讲起，介绍了400万年前这里湖泊的成因；既陈列了大量的水杉化石以及动物化石标本，也展示了20年前在这里打下900米的钻孔取出的岩芯，通过研究和综合分析，在展厅里比较详尽而生动地描述了200万年前这片区域的地质与生命景象。

人类历史部分：突出了琵琶湖在当地文化形成中发挥的重要作用，展示内容从这里发现2万年前人类活动开始，通过对琵琶湖底100多处古代遗址的发现和研究，展示了5000年前日本绳纹文化时期人们的生活；介绍了从公元前900年前到公元250年从中国引进农业技术的情况；全面介绍了历史上琵琶湖在日本交通运输中的重要地位和作用，展现了当时的造船技术及以渔业为主的各类物产（图1）。

图1　琵琶湖与大板地区1400万人口生活息息相关

湖泊环境与人类生活部分：是对近50年来琵琶湖流域多方面的自然景象和人类活动的展示，从时间渐进的维度，表现文明生活的变化，其中主要有琵琶湖的步道、民居、湖畔生活以及水资源的利用和人与自然和谐相处的生活（图2）。

图2 室内外景观相融合的设计

水族馆部分：这是日本最大的淡水水族馆之一，拥有来自琵琶湖里最多的特色鱼类和水生生物，这里也是日本濒临灭绝的淡水鱼类保育繁殖中心。展示的手法是对生活在小溪与池塘、芦苇湿地、湖岸区、湖水不同深度的生物以及外来物种等进行分类展示。

探索活动室是为儿童设立的。为他们了解琵琶湖周边的乡村生活和当地文化，设计了18种手工制作活动，同时也开展一些互动的游戏。

琵琶湖博物馆紧紧地抓住“琵琶湖”这个主题，讲述着它的历史与现实、自然与人类的故事，这显然对给其他博物馆设计与建造者以很大的启示。

参观后，我与这个馆的相关负责人藤村俊树先生进行了友好、诚挚的交谈。他的谈话充满了责任感和危机感，一些内容给我留下了深刻的印象。他说：博物馆的责任与生态文明是我们共同面对的问题，我们琵琶湖博物馆的主题就是湖与人；虽然我们对博物馆的工作很努力，但目前暴露的问题让我们有一种压力，这主要是开馆后的前10年，年平均参观人数50.3万，而近些年只有35万人左右，常设展览的影响力在逐年下降，我们感到这是最大的危机，也是我们考虑今后要长期努力解决的问题。我们是在1996年建馆，还有不到3年的时间就是建馆20周年，全馆200多名员工（包括30多名研究人员）的一个重要工作就是要加强与琵琶湖周边民众的互动，开展好已有上百名村民参加的调研小组活动，收集相关信息，研究生态变化，把这里真正办成民众的博物馆（图3）。

图3　公众与研究人员共同参与琵琶湖生态的调研与管理

这次谈话让我再一次想到一个本源上的问题：建一座科技馆目的是什么？从日本的未来馆到琵琶湖博物馆，看到他们都在营造一种情境：吸引公众到这里来，针对社会发展和大众自身生活关切的问题，形成一种“众筹众创”的氛围，做到从建馆到运营全过程与民众互动、为民众服务，这也是现代科学博物馆发展的一种境界！

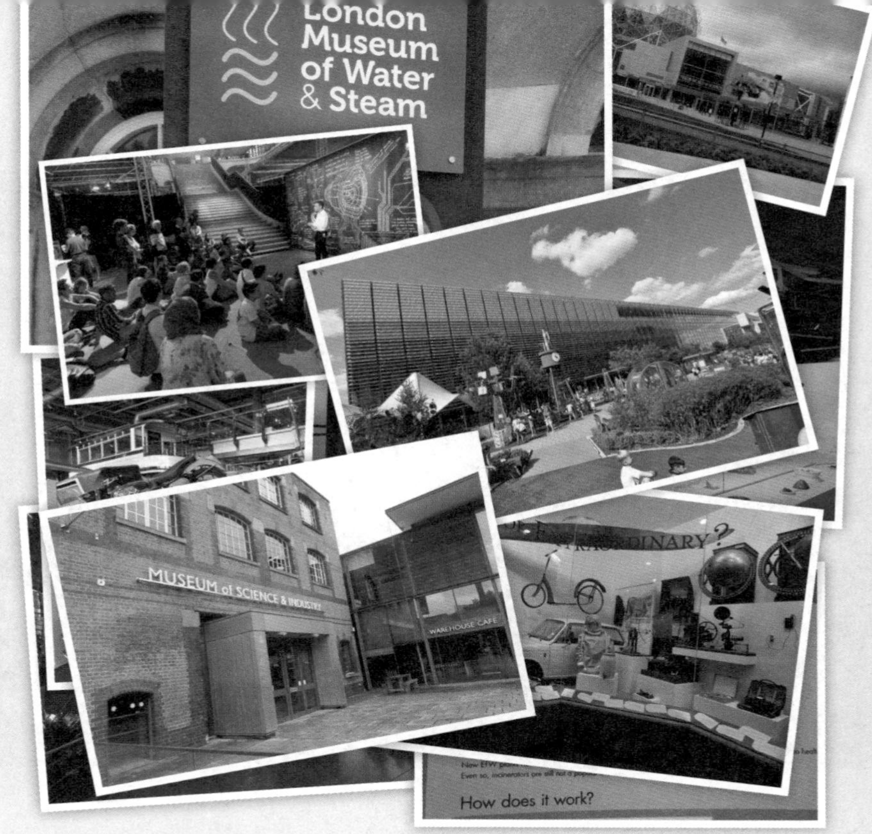
London
Museum
of Water
& Steam
MUSEUM of SCIENCE & INDUSTRY
WAREHOUSE CAFE
How does it work?

# 他山之石

# 科技馆的创新需要文化支撑

2014年11月7日下午6时许，美国旧金山探索馆馆长丹尼斯（Dennis M.Artels）在芜湖论坛上刚做完报告，即乘车赶往南京机场。上车后，他问我的第一句话就是："让我来中国讲科技馆的创新，但我讲的题目却是美国探索馆的文化，这能理解吧？"我回答："当然。文化是科技馆创新的土壤，你讲了根本上的东西，是一个很成功的演讲。"他听了很高兴。于是，我们在一个半小时的时间里，多是我问他答，话题延续了他在大会上的发言，又联系探索馆的工作实际，也讲到（同时也让我想到）其他国家科技馆的一些案例。现在回想起来，当时我们的谈论和思绪真像身下的车轮一样飞转，但旋转的轴心始终没离开“文化和创新”这个主题，也正是沿着这样一条主线，丹尼斯先生谈了这样一些值得人们思考的话题。

## 一、“探索馆不断发展是沿袭着一种文化”

像爱因斯坦的生日是“圆周率”（3月14日）一样神秘，1969年，面对着一个混乱而又让人思索的年代，弗兰克·奥本海默以其特有的思想、智慧和能力创建了美国旧金山探索馆。从那个时候至今的45年间，我们自己研究开发出的新展品1200多件。

我在前期的一篇文章里曾讲到，奥本海默先生去世前留下的一句话：你们一定要做得与我不一样！我想，这就是一种思想和精神的传承，也是探索馆在迁入新址前的40多年时间里，一个面积不足1万平方米的展馆，但却一直是全世界同行业翘楚的奥秘所在。记得一本书中描述最早来到北美的移民，每当他们清晨从自己新建的家园向西望去，发现又有了新的炊烟升起，他们不愿接受这样的现实，很快就向西迁到更远的地方，去开垦更广阔的土地。这就是拓荒者的心理。2013年年初，我到加拿大卡尔加里市科学中心考察，这个馆的馆长詹妮弗·马丁女士对我们说，她曾在安大略科学中心工作，10多年前到萨德博里市负责北方科学中心的建设，几年前又被聘为卡尔加里科学中心的建设负责人，她感到最大的压力是如何让自己的第三个馆不是仿制过去而是不断创新。我确信她的话是真实的，因为我去过安大略科学中心和北方科学中心。在这里，我惊奇地发现了在其他馆没见过的景象：在一个约500平方米的厅里，一些10多岁的孩子在工作台前敲打或拆卸着废旧的电子设备（图1、图2）。我看了一阵子，说不清他们到底是为了什么。打听相关工作人员才知道，这项活动的目的是让中小学生了解电子电气设备元器件的分类，并学会不同工具的使用方法；也在这个楼层，有一个场地摆放着不同的废旧木料和工具，人们可以在这里随心所欲地制作木器家具；还有一个人类意象厅，揭示了人们的一些心理活动等。我想，这一切也都是丹尼斯所说的不同科技馆创新文化的差异吧！

图1　卡尔加里科学中心的孩子们在科技工作室里拆装电子设备

图2　卡尔加里科学中心的孩子们在科技工作室里拆装电器设施

## 二、“创新的忠告就是要勇于承担风险”

这是丹尼斯馆长在大会演讲和他与我交谈中反复强调的话。

中国的一位同事曾问探索馆的相关负责人，研发新展品的成功率是多少？回答是10%左右。这让我们的同行大为惊讶，因为中国的创新投入要求有95%的成功率。美国人却接着说，没有很高的失败率也就没有最好的成功。

与丹尼斯交谈或听他演讲，能感到有一种哲人的思辨。他说，科技馆的文化不是单纯为诠释科学知识去创新展品，而是如何让我们的展品能够启发人们的思考和创新，分析工具要比答案好得多。每个人的看法都不一样，创新文化不是计划、不能强迫，要提供自由发展的空间，要让更多的人能够大胆去做，尽情地尝试，激发独一无二的创造性。他还说，科学家和艺术家都相当于社会的预言者。

## 三、“科学中心向观众提供所有的创新成果，也要聆听并观察观众的反应”

这是丹尼斯给科学中心的工作定位。这也是他坚持“大众创业、万众创新”的思想吧！丹尼斯告诉我，探索馆每年都到社区听取居民的意见，刚入馆的年轻人每个月都要有四五天的时间，让他们走出馆去观察社会、学习生活。为了激励全馆员工投入到创新的工作中，馆里按照人均300美元计算，每年拿出10余万美元作为奖金。奖励的范围不只展教内容与形式上的创新，也包括管理工作方面的合理化建议。

这使我想到“众筹”“众创”已成为当前时代潮流。中国“小米公司”的成功就是“众筹”的结果。去年，在我第二次考察日本未来馆时，让我再一次认识到他们建馆的一个重要思想：这个馆的名称虽然叫“未来馆”，但不可能在这里清清楚楚地告诉你未来是什么样子，而是要把日本国家或是人类社会面对的重大问题以及现在进行的科研情况告诉大家，并希望每位参观者提出意见。

与丹尼斯交谈以及联想到东西方科学中心的变迁，让我看到了当代科技博物馆正在朝着融入社会并与大众互动的方向发展。我想，本质上这就是一种文化进步的力量。

# 特色不是刻意追求和制造的

在国外考察，同行者之间经常谈论这样一个话题：哪个国家的博物馆最好？结论往往莫衷一是，每一个国家的博物馆总会留下一些深刻的印象，每一个国家的博物馆都有自己的特色。这使我产生一个疑问：不同国家的博物馆能够作比较吗？事实上，博物馆的特色不是刻意的追求和制造，而是一个国家某种历史文化的自然流淌与呈现。

在英国，从格拉斯哥的交通博物馆、曼彻斯特的科学工业博物馆，再到利物浦的海事博物馆、伯明翰的城市与艺术博物馆，到处可见第一次工业革命留下的足迹，也都讲述着城市数百年来波澜起伏的历史故事（图1）。一天上午9时许，我们来到了伦敦水与蒸汽博物馆，几乎与我们同时到达这里的是一位开着新款“保时捷”的老先生，当我们走入这座约有500平方米的展厅时，看到这位先生已经换上一身工作服，成为了这里的一位工作人员。他热情地告诉我们：这里原是伦敦市一个自来水供水厂，这台重达250吨、世界上最大的康沃尔横梁式蒸汽机是这里最主要的展品（图2）。他曾是多年维护它的工程师，5年前退休了，自来水厂也停办了，但是自己的生活和情感离不开这里。当有一家私企的老板在这儿办起了博物馆的时候，他就高兴地回来了，不要任何报酬，带着一位来自越南的年轻人把所有的设备维修至正常运转，每天上下午各向观众表演一次设备的工作流程。他自己住在附近的一个小镇上，每天往返需要两个多小时的车程。我想，这或许就是一个人或一个民族在自身事业与情感上应有的一种乡愁或乡恋吧！

欧洲文艺复兴以后，虽然伴随着社会人文以及工业、科学的进步，各类博物馆的出现已成为一种必然趋势，但是法国的博物馆文化从开始就让我格外敬重。这是因为了解一点世界博物馆文化史的人都知道，虽然1683年牛津大学

图1 曼彻斯特博物馆保持着工业革命的历史展

图2 早已退役的康沃尔横梁式蒸汽机

出现的阿什莫尔博物馆被称为世界上第一家博物馆，但它的主要功能是面向师生的教学；大英博物馆在1753年正式开馆，但在较长的一段时间里，对参观的群体和数量都有一定的限制。第一次工业革命虽然最早出现在英国，但世界第一家科技工业博物馆（Musee des Arts et Metis）于18世纪末期出现在巴黎；几乎在同一时间，巴黎的卢浮宫、法国自然博物馆都相继面向社会大众开放。这些是震惊世界的法国大革命本质意义上的一个重要体现，并开启了世界博物馆事业具有划时代意义的新起点。1937年，世界第一座科学中心——巴黎发现宫正式面向社会开放，时至今日，这类科技馆几乎遍及世界各国（图3）。现在法国还有一个很有意思的现象，据介绍，20世纪70年代以来，几乎每一任总统都有建设一座大型公共文化艺术中心的愿望，因此，近40年来巴黎（或改造而成）的奥赛博物馆、维莱特科学工业城、蓬皮杜艺术中心、凯布朗利非西方文化博物馆的陆续建成，都得到了时任总统，如德斯坦、密特朗、蓬皮杜、希拉克等的大力支持。

图3　巴黎发现宫里的即席讲座

英法两国的博物馆发展史有所不同，它反映了两国同期历史文化上的差异。同样，世界其他国家的各类博物馆也都不同程度地反映了自己国家政治、经济和文化等方面的不同历史与特色。

加拿大的工业发展史较短，我在这个国家的几个主要城市都未曾见到科技工业博物馆，但我访问了这个国家5个城市的科学中心。今天，当科学中心作为博物馆的一种创新形态，在全世界大行其道的时候，我们应该感谢加拿大人的贡献，因为世界上第一座名副其实的科学中心——安大略科学中心于1969年在多伦多市出现。

我在关注一些国家的综合文化素质是如何影响科技馆创新发展的时候，也隐约看到了一些不同特色的科技馆，它们都表现出不同的文化特征，也有着各自不同的价值追求，这种追求似乎成了博物馆文化的灵魂，也决定了各类博物馆的发展方向。例如，为什么美国的博物馆能够在世界上保持强大的优势？除了有经济实力的支持和灵活的管理体制外，重要的是其相对欧洲的传统而言，有继承、也有批判和创新，不背历史包袱，适应了现代社会发展和大众需要。我也把在日本看到的丰田汽车博物馆与德国宝马汽车博物馆、奔驰汽车博物馆作比较：在德国博物馆里看到的是先进的制造技术和工艺，以及成系列的品牌，让参观者产生了现代科技与生活的联系，甚至有一种美感；而丰田汽车博物馆却是另一种建馆理念，它用叙事的方式，生动形象地讲述了丰田公司是怎样从织布机制造厂走上生产汽车的艰苦创业道路。现在，这个馆也成为了当地中小学生必去的教育基地。

那么，在中国特有的历史文化基础上，我国科技馆建设的主要问题是缺少特色，还是未能确立各自明确的功能定位和应有的价值目标？

# 优质服务的存在和温暖

业内同人相聚，多有一点共识：在互联网时代，能够提供满意的现场体验和周到的服务，这是博物馆得以蓬勃发展的两大法宝。人们永远需要在实际活动中感受快乐和收获，这是网上科技馆不可能替代实体科技博物馆的根本理由。是的，我们始终坚持着如何让公众在科技馆实现有趣又有效果的体验与探索，在这一点，我们与那些世界一流的科学中心都面临着同样的挑战。而博物馆的优良的服务，能让访客度过一段美好的时光，这正是提高“重复参观率”不可缺少的重要条件。但我们的服务工作却有着明显的差距，这是我行走在欧美一些博物馆中一点突出的感受，这种差距不只是环境和条件方面的比较，而多是在服务意识与实际工作上。

在西方，尤其是英国的博物馆，在视野之中总可以看到三大功能区域：咨询服务台与入口处、餐饮服务区、文化创意商品店及书店（图1、图2）。服务热情周到。在服务台摆放着参访者可能需要的各类折页、宣传册印有馆内功能分区和导览路线的图册、票价及优惠条件介绍，还有针对儿童的教育活动宣传册以及本市游览地图等；餐饮也方便实惠，与馆外的餐馆比较，馆内同类食品的价格要低15%左右。而且为参观考察者节省了宝贵的时间。在西方一些发达国家，商品零售商店并不像中国随处可见，但是在博物馆里可以发现各类品种丰富、设计别致的日用品，如休闲衣裤、背包提兜以及图书、文具等。

图1 英国科学博物馆方便的餐饮服务

图2 伦敦交通博物馆里最后的“展厅”——衍生品商店

在法国自然博物馆著名的新建筑——进化大厅里，它的布展方式是实物情境化，并结合各种透明展示柜的利用，还在建筑大厅设置了许多供观众休息的座椅；在广受赞誉的凯布朗利博物馆里，各主题展厅里大胆的色彩、巧妙的灯光与内容展示浑然一体。设计者独具匠心，在展厅与公共通道分界墙的内侧，在距离地面约有60厘米的高度做出了不足15厘米宽的斜坡，让参观者可以随时靠坐在上面歇歇腿脚（图3）。而在巴黎发现宫不足8000平方米的展厅里，各类教室与丰富的展示内容已经使场地十分紧张，但还能在两个楼层设有3处餐饮空间；在巴黎建筑设计博物馆，可能是考虑来访者多为工程设计研究人员的原因，为每位来访者提供了可以手拎的轻便座椅，当走到模型、图纸前时就可以随时坐下来细细观看，公共空间内还有可以坐下来进行讨论的圆桌。

图3 法国凯布朗利艺术博物馆：巧妙的设计，方便的座椅

这一切都让我认识到，博物馆的服务功能与展教功能相依相存、同等重要。加强博物馆的服务功能，也是当代各类博物馆必须坚持的发展方向，而且这种趋势已不只是一般意义上的思想认识与工作改进，而是由时代推动的一场

变革与创新！

《环球时报》曾提出“在网络大潮冲击下，如何支持实体书店维护阅读氛围是一个世界性话题”，并在通栏标题《国外实体书店从卖书到“卖生活”》下面，介绍了英国最大的独立书店“浮游”以及“哈泊柯林斯”出版社等，努力把实体书店发展成文化综合服务体。在这里，人们可以听音乐会、看电影，参加作品研讨会，甚至可以在“烹饪书店”里享用美食，真正把重心放在了建造当代书店的“多重空间”上。最近，我看到《新闻晨报》上几乎用一整版报道了商业变革的消息，题目是《百货业要家家有特色很难，但必须去做》，介绍了上海“巴黎春天、118广场决意去百货化，全面向生活广场转型”。可见，未来百货业将被压缩，引入餐饮、亲子乐园、电影院等文娱设施，为顾客提供与潮流生活息息相关的新型服务平台。

看到这些，心中难以平静。变革的大潮正在冲击着各行各业，时代需要我们对科技馆进行怎样的变革与创新，才能赶上世界一流水平呢？

# 科学工业博物馆向何处去

在欧美，经常看到一些内容与形式各不相同的科学工业博物馆，它们之间的重要差异并不在于各自追求的特色，而是建馆理念的分化和对未来发展方向的不同选择。这让我感到已走过200多年历程的科学工业博物馆似乎正在出现转折或蜕变。这种变化是好是坏，最终发展的方向如何？是科学类博物馆在内容和形式上的一次分化或整合，还是功能定位与价值目标上的深化改革和创新？以下四种场景和动向是值得思考和研究的。

## 一、在巴黎，看到了世界上第一座工艺博物馆的涅槃与新生

众所周知，世界上第一座工艺博物馆是始建于1794年的巴黎工业和技术行业博物馆。在新世纪来临之际，两位法国博物馆专家撰写了《巴黎工业和技术行业博物馆的变革》一文，我翻译并认真阅读了这篇文章，掌握了其基本思想，即这座博物馆经过近200年的岁月，虽然“它享有广泛的声誉，但已不是一个受到人们欢迎并踊跃参观的场所，而是正在慢慢消亡”。为了使博物馆获得新生，它闭馆7年，全面翻新了当年的修道院，运用其丰富的馆藏，重新构建了能源、机械、交通、建筑、通信和材料6个主题展厅，并经过精心设计和布展，力求使这里“成为一个历史与当代、艺术与科学、记忆与想象相呼应之地”。

2015年我去巴黎，考察了这座改建后的博物馆。可以说，这是我第一次看到如此之多在世界工业革命进程中具有里程碑意义的标志性展项（图1）。各类展品虽然是历史上的老物件，但无不闪现着不同历史时期人们灵感与智慧的光芒，让我感觉这里俨然打造了一座工业技术与艺术相融合的殿堂。来这里的参观者多数是成年人，因此展项不重在互动性，而是附有文字说明和图片，讲述着不同年代与人物的故事。工作人员告诉我们，这座博物馆归属于一所制

造技术与工艺大学，200年间收藏的数十万件科技产品，成为了教学的宝贵资源。这不正是源于自然和人类文明进程中的所有收藏，都有着展示、欣赏、教育和研究等多重价值吗?

在这里，也需要提到的是20世纪80年代在巴黎新建的维莱特科学工业城(Cité des Sciences et de l' Industrie)，这里拥有世界科学中心的丰富内容，突出揭示了人类社会在后工业时代所面临的问题和挑战，也展示了法国工业应用新技术、新材料所取得的创新成果。我把这个馆视为世界科学工业博物馆的新生代。

图1 巴黎工业和技术行业博物馆内展示的第一次工业革命的经典展品

## 二、在英国，科学博物馆续写了工业革命的史诗，也向着历史与现实、科学与技术相结合的现代科学博物馆发展方向迈进

英国是世界第一次工业革命的发源地，今日在英国各地依然可见到工业革命的印迹。曼彻斯特是英国最早兴起的工业基地，这里的科技工业博物馆坐落在一个占地7万平方米左右的旧厂区，由规模不同的建筑构成，分别承担着综合服务、展示“演进中的曼彻斯特、纺织大厅、电气时代、油气管道、地下管

图2 第一次工业革命的发源地——曼彻斯特科技工业博物馆展品

图3 曼彻斯特科技工业博物馆仍然焕发着活力

网、交通运输”等主题展厅的功能（图2、图3）。它的最大特点是展示内容并没有停留在历史的器物上，而是触及了现实与未来的科学生活，如城市的节能、节水、垃圾处理等问题。

伯明翰是英国历史上享有盛名的制造业城市。这里的科学博物馆馆名中虽然没有“工业”两个字，但是这个馆2万平方米的展示面积里有一半用于展示伯明翰历史上的制造业，有大型母机式的现场运作，展示着机车车头、飞机、枪支等各种工业与大众生活用品；展厅的另一半则展示着生命与科学、大脑功能、生物工程、机器人、星空探索等（图4、图5）。这让我们看到伯明翰科学博物馆的展教理念、风格与伦敦科学博物馆是完全一致的。英国科学博物馆的发展正在走向传统科技工业博物馆与当代科学中心的结合，或者说在英国，科学文化的表达，一定要坚持科学技术与社会文明的融合，并做到历史、现实与未来的一脉相承。

图4 伯明翰科技博物馆

图5 伯明翰科技博物馆展品反映了这座英国名城的现代工业的发展

### 三、德国的科学工业博物馆发展有着自己的特点

德国科技工业博物馆也称为“德意志国家博物馆”，说明科技工业在德国过去一个世纪以来的地位和作用！由此也体现了这个国家科技工业博物馆的理念及目标追求。1903年，当德国人着手筹办慕尼黑工业技术博物馆的时候，英法两国的科技工业及其博物馆的发展已经远远地走到了前面。为了实现“科技与工业强国”的梦想，德国从20世纪初期开始，先后在全国各地建起一批以传播工业技术为主体的博物馆，面向公众进行科学技术教育，如慕尼黑工业技术博物馆、曼海姆技术博物馆、奥德修斯科学冒险博物馆等。近年来，在与去德国科技类博物馆考察过的同事一起交流体会时，大家对德国有一个共同的认识：他们十分重视博物馆教育的实效，强调对青少年的技能训练，培养他们的“工匠精神”和职业素养，德国工业产品的高质量与工作人员严谨认真的作风与此是不无关系的。

2014年5月，我再一次去德意志博物馆考察，接待我们的博物馆交流部部长哈格曼博士说：他们正在启动一项建馆以来最大的改造更新计划，核心是改变或完善展教理念，不是仅用藏品被动展示科技与工业的发展历程，而是力求运用富有价值的收藏和实例去揭示科技发展的本质和规律（图6、图7）。其目的是不仅要提高面向公众的科技教育水平，也要把博物馆办成大学教学研究的基地。

图6 德意志国家博物馆丰富的馆藏展示了科技工业发展历程（1）

图7 德意志国家博物馆丰富的馆藏展示了科技工业发展历程（2）

## 四、欧洲以外一些国家科技工业博物馆的变革

当科技工业博物馆从欧洲走向世界以后，“种苗”必然发生变异。芝加哥

科学工业博物馆是在1933年世界工业博览会的基础上建立起来的，并在之后较长的一段时期内，其展品都是工业产品。但近15年以来，它的展示内容和形式发生了很大的变化，主要是涉及大量的物理、化学、生命科学等基础科学的展示，也增加了儿童活动天地，收藏类的展品越来越少。它的科学风暴展厅在世界许多国家科学中心产生了较大的影响。一些专家评论芝加哥科学工业博物馆正在走向与科学中心的融合，在世界的各类科技工业博物馆里，如芝加哥科技工业博物馆等，正在出现这种融合的趋向（图8）。

图8 芝加哥科技工业博物馆已开始融入大量的现代工业元素

而在中国、日本、澳大利亚等许多国家，我尚未看到有综合性科技工业博物馆的存在，但却看到许多主题不同的专业科技博物馆。

上述景象，让我看到世界各地的科学工业博物馆的展品，展示形式是多元的，难有统一的标准和模式，但它们似乎又都遵循着一定的规则，追寻着统一的目标，例如，各类博物馆都要反映相关科技工业历史的足迹，或是现实的成果及今后的目标、未来的梦想；它们都要坚持为现实社会发展服务，体现了鲜明的时代特征和价值观念等。这些构成了当代各类科技博物馆生存与发展的基础。

# 对自然历史博物馆的追问

2015年暑期，当我走出拥有7000余万件藏品的英国国家自然博物馆时，感到终于完成了一个早有的心愿：一定要看一看世界上业内排名前四的自然史博物馆，即法国国家自然博物馆、美国国立自然史博物馆、英国自然史博物馆和荷兰莱顿自然史博物馆；同时，脑中不时闪现出我参观过的这四家及其他自然博物馆的印象，也努力寻找它们的共性并进行着比较，看到了一些相似的博物馆在存活了一二百年后，又在近些年进行新的探索，力求创新，以适应时代发展的需要。这样的变化虽然有许多可学习借鉴之处，但我总觉得世界自然史博物馆的创新发展来得晚了一些、慢了一些。

台湾博物馆学家徐纯教授在其《博物馆的演进脚步》著作中，开篇的第一句话就是“人生俱来蒐集物件与食物的本能是人类进化的推动力之一”。我想人类生存在洪荒时代，搜集的物品与食品只能是自然之物。也因此可以推断，人类社会最早出现的“博物馆”一定是源于对自然之物的收藏和展示的意愿吧！这不能不使我对自然博物馆最早开启了人类一扇文明之窗而产生一种敬意，但思绪中随即又掠过一片灰色的云雾：我看到人类最古老的家园往往墨守成规。在各类自然博物馆中资历老的自然博物馆的发展，也会在历史上的某一段时间里陷入这种窘境吗？我认为是这样的。

从18世纪末期开始，上述四大自然史博物馆相继出现，并一直引领着世界各地不同规模的自然史博物馆的建设，几乎是复制着同一种展示模式、沿袭着同一条发展路线走过了两百年的时间。自然博物馆的演进似乎比它所展示的自然界演化还要缓慢。参阅一些资料，又参观了欧美国家一些有代表性的自然博物馆，也多与国内的同人进行相关工作的交往，这些给我留下了这样的深刻印象：收藏成为了自然博物馆的第一要务；展品的展示方式，早已从初期封闭的柜子里解脱出来，按照瑞典植物学家林奈在18世纪中期出版的《植物种志》进行分类，后来又根据英国博物学家达尔文发表的《物种起源》演绎着生物进化的历史。展示的场景越来越丰富多彩，制作的标本栩栩如生，并让其回归相应的模拟环境之中，例如，在一些较大型的自然博物馆里、可以看到非洲大草原上动物大迁徙的壮观场景，展现出大自然的“豪华阵容”。毫无疑问，即使在上述四大自然史博物馆里也不能摆脱这样的展示内容与形式，这也成为了当代自然史博物馆里展示乐章的主旋律（图1、图2）。但它是不可改变的吗?

我不否认自然博物馆传统展示的意义。但是，每当走进一些自然博物馆的时候，我都不能理解那里的展示为什么多是似曾相识，而在建馆理念里几乎看不到正视现实和面向未来的价值取向？为什么现代的自然博物馆多展示地下的矿物、宝石，而难见地上的土壤、河流、植被以及空气等的变化？为什么乐此不疲地反映恐龙时代的强盛与衰亡，却没有“人类世”的走向？为什么常见一个个单独摆放的孤立展品，而缺乏对自然界“生态”本质的认识？更让我不能理解的是，为什么各地自然史博物馆似乎都在回望历史或放眼地球与宇宙，但很少关注和深入研究所在的国家、地区甚至自己赖以生存守护的这片城乡家园的生态变化？……我认为自然史博物馆落后了，落后在它慢慢被蒙上了历史的灰尘，失去了时代的光彩、价值和意义。还有，博物馆的概念本身就包含了历史的意义，它是一个以时间的演进为经、以世界各领域的事物为纬，彼此交织变化着的空间，人类赖以生存并保护着的自然家园，就是这样一个对过去、现实和未来需要关注与认知的地方，为什么长期被称为自然历史博物馆而不叫自然博物馆呢？当代应该是给其正名的时候了。

近年来，当我再一次走入一些享誉世界的自然历史博物馆的时候，最感到兴奋的是那里正显现出变革与创新发展的曙光：在伦敦，英国自然史博物馆已完成新一轮的更新改造，著名的达尔文实验室不只是展示，而是扩大了与公众的互动（图3）；在塞纳河畔的皇家公园里建起的法国自然史博物馆，在走过了

图1 自然博物馆普遍存在的展示形式（1）

图2 自然博物馆普遍存在的展示形式（2）

整整200年的历程以后，1994年新建的进化大厅早已对外开放，虽然国际同行对这个展厅的设计与建造尚存争议（我并不知道争议的焦点是什么），但我最看好的是它对传统的自然史展示有了诸多突破与创新。例如，它实现了“理念优于藏品”，守住了生命进化的这条主线（图4）。为了突出主题，设计者并不是堆积物品或只用真实的标本，一味显示这个馆的收藏之丰，而是运用了大量的新材料、新工艺，甚至使用模型和道具来强化展示效果。特别引我关注的是这里触及了人类学的问题，揭示了人类文明的进程与自然生态的关系；美国国立自然史博物馆在当代的探索创新给我留下了深刻的印象，他们不仅在脑科学研究、宇宙与深海探秘等方面，制作了一系列在世界各地广受欢迎的临时展项，而且用一个较大的空间，全面展示了大纽约地区工业革命前后生态环境的变化、实际场景和大量翔实数据的对比，例如，土层与土质、水系与水质以及植被

图3 英国自然史博物馆里的达尔文实验室

图4 法国自然史博物馆中的人类进化

与林木的前后比较等，深刻揭示了近200年来城市文明与生态环境的关系，让人们看到一个似曾相识但又不被全面认识的家园的演化进程，又应该怎样走上与自然和谐相处、创新发展的道路。这一切让我看到了当代自然博物馆早该打开的一扇大门和未来走向。

# 重返文艺复兴的科学思考

在人类文明进程中的上一个千年中期，即从13世纪中叶到16世纪，西方世界在200多年的时间里，上演了一场历史大剧，这就是影响全世界并具有历史转折性意义的欧洲文艺复兴运动。

世界历史学家多认为，这场源于意大利又很快波及欧洲各国的思想文化运动，出现了三大潮流：人文主义、宗教改革和实验科学。大潮起伏跌宕，时空交错变换，涌现出的历史人物如群星荟萃、熠熠生辉。首先拉开人文主义大幕的是但丁、彼特拉克、薄伽丘，他们明确提出要崇尚人的尊严、权利和自由，“我是凡人，我只要求凡人的幸福！”紧随其后的是世人熟知的“三杰”——达·芬奇、米开朗基罗、拉斐尔登场；德国神甫兼神学教授马丁·路德第一个举起了宗教改革的大旗；与此同时，名垂史册的哥白尼、布鲁诺、伽利略等开始了近代科学的破冰之旅。这一切，实在是历史上对人类的正义、勇敢、智慧和对真理的追求的绝无仅有的集中展现。

一年前，我高兴地看到了台湾青年才俊谢哲青的热销之作《重返文艺复兴》，书中大量的资料和生动的叙事风格让我耳目一新，也看到作者的过人才华。但遗憾的是全篇没有触及文艺复兴时期的科学，我想作者的本意也不在此。不过，他的书目提示我不妨沿着科学的历程溯源而上，也“重返文艺复兴”，去领略近代科学的某些初始状态，这一定是一件很有意义的事情。但限于自身的条件，这种重返之路对我而言也只能是查阅几本国内出版的相关书籍，走出国门看几家科学类的博物馆，真正属于自己的是在这个极为有限的活动空间里可以自由思考的无限天地。

2016年11月，我再一次来到了文艺复兴的发源地——意大利。在佛罗伦萨这座文艺复兴时期的城市。遗址、遗物随处可见，我的首要去处当属位于老城区的伽利略博物馆（图1）。这里让我进一步感受了近代实验科学的开创者伽利略是怎样度过了卓越而艰难的一生。与此处异曲同工的是曾被称为欧洲艺术之都的米兰，政府为纪念文艺复兴代表性人物达·芬奇诞辰500周年，于1952年投资建成了意大利最具有代表性的“达·芬奇国立科技博物馆”。它全面展现了意大利人从古罗马到现代对科技以及科技博物馆的理解和贡献；在“不朽之城”罗马的鲜花广场，人们瞻仰着400年前为科学而殉道的布鲁诺塑像（图2）。

图1 作者在伽利略博物馆门前

图2 布鲁诺塑像

看到这一切，我们该如何认识诞生在文艺复兴时期的近代实验科学走过的苦难而辉煌的历程，这样的历史又为当代科学的发展带来了什么启示？我在重返文艺复兴、探寻科学发展的足迹过程中，想到了如下几点。

## 一、近现代科学的苦难童年

在伽利略博物馆里，全面、详尽地展示了伽利略对天文学、物理学等多学科的探索实验过程和取得的伟大成果，也包括各类自制的观测仪器、工具（图3）。史实叙事与实物展示相结合，生动地揭示了实验科学诞生的过程，也通过伽利略的一生，深刻而鲜明地反映了什么是科学的思想、方法和实事求是、坚韧不拔的奋斗精神。1632年3月，伽利略出版了引来牢狱之灾的著作《关于托勒密和哥白尼两大世界体系的对话》（以下简称“《对话》”），书中通过3人4天的对话，全面论述了“日心说”。按照现代社会的观点，这是一部大众可以阅读的科普著作。但在当年8月就被教会宣布为禁书，并在次年2月传讯伽利略从佛罗伦萨来到罗马接受审判，70岁的伽利略从此终身监禁。

图3 伽利略的实验展示

实际上，伽利略的厄运是早有先兆的。这就是在《对话》一书出版之前，哥白尼早在1509年就写出了日心体系的概要，直到去世前（1543年）才决定出版《天体运行论》一书。其间，哥白尼把书稿压在手中30多年不公布于世，目的就是要逃避教会的打压。果然，《天体运行论》刚刚出版就被教会列为禁书。布鲁诺虽然不是天文学家，但他依据哲学的思辨，支持他超越了哥白尼的理论思想，提出了无限宇宙的图景。他的思想差不多300年后才得到科学界的公认，但在当时更属“异端”。布鲁诺在长达7年的审讯中，始终没有屈服，最终被判火刑。临行前，罗马教廷再一次劝他忏悔即可免刑，他坚定地说：“我愿做烈士而牺牲！”在1600年2月17日，近代科学开始走向社会的时候，布鲁诺为坚持真理而献出了生命，人类的科学文明，在这里受到了血与火的洗礼。

布鲁诺殉难32年后，伽利略被捕，有哥白尼、布鲁诺等人的前车之鉴，能够看到出版有关“日心说”著作前景的险恶，但他仍然坚持做。这足以说明伽利略坚持真理、传播科学的坚定性，但他也存在着对当时科学发展环境的误判。据有关资料介绍，当时的罗马教皇为乌尔班八世，他与伽利略都是佛罗伦萨人，并对伽利略比较赞赏，伽利略也因为这层关系拜访教皇并对写作之事进行了交谈。但《对话》获准出版仅仅4个月，教会就下令禁书，据说是教会内部存在着不同势力的斗争，伽利略也因此被捕。入狱之后，他对早期从事的力学研究进行了归纳整理和再思考，并着手进行《两门新科学》(即材料力学和运动力学)的写作，该书于1638年在荷兰出版。此时，他的双目完全失明了。伽利略1642年在监狱里去世。

爱因斯坦曾评论说：“伽利略的发现以及他所应用的科学推理方法，是人类思想史上最伟大的成就之一。初期一段苦难的历程标志着物理学的真正开端。”我认为，这也是科学发展初期一段苦难的历程。

## 二、科学发展永远是传承与创新相融合的过程

众所周知，欧洲的文艺复兴运动是古希腊文明的复活和传承，其中也包括了科学基因的延续。这样的基因是什么？当我们了解文艺复兴时期出现的著名科学家的知识背景时，我们不难发现，他们几乎毫不例外地是哲学家、数学家、天文学家、物理学家等，特别是古希腊时期的哲学的世界观和方法论、数学和天文学，奠定了文艺复兴时期科学发展的基础。我曾细数拉斐尔绘制的传世之作《雅典学园》中有近60位智者，而且这所学院从公元前387年柏拉图开始筹办至公元529年停办，共存在了900多年。它为欧洲早期文明培养了一大批智者，也为欧洲中世纪以来发展各类大学积累了经验。这体现了人类文明，包括科学知识和思想不断进步的一脉相承。

以天文学的发展为例，实际上“日心说”并不是哥白尼的首创。早在公元

前2世纪，曾担任著名的亚历山大图书馆（亦称博物馆）馆长的天文学家亚里斯塔克就曾提出宇宙是以太阳为中心的设想，但仅仅是想法而已。在人类15世纪以前的历史中，亚里士多德—托勒密的“地心说”始终占据着统治地位并得到了宗教的维护。在人类刚刚进入16世纪的时候，波兰天文学家、数学家哥白尼在亚里斯塔克假说的基础上，以大量实际观察和测试获得的数字资料为依据，进行逻辑推演和计算，论证了太阳是宇宙的中心。在这个基础上，伽利略用自己改进的望远镜，观察到大量新的事实，进一步论证了哥白尼的学说。同时，他也开展了力学方面的实验物理学研究，并取得了突破性成果。德国的天文学家、数学家、光学家开普勒对哥白尼的理论作出修正，将行星运行轨道由圆形改为椭圆形，并提出了行星运行的三大定律。意大利哲学家布鲁诺坚定地捍卫哥白尼学说，提出了宇宙在时间和空间上的无穷无尽、无边无际的观点。各类科学如同天文学一样，都处在传承与创新发展过程之中。1687年，牛顿出版了《自然科学的数学原理》一书，这确实是“站在了巨人肩膀之上”取得的集大成之作。

### 三、一切都在变化着的世界里科学发展中心会转移吗

在伽利略博物馆，我想到一个问题：如果把文艺复兴时期意大利科学发展视为近代科学发展的起点，那么，这个点形成的历史和未来的变化规律是什么？有资料表明，在伽利略生命的后期，即1630年前后，他至少两次说到意大利的科学水平处在被北方竞争者超过的危险之中。后来的事实证明了他的预言，其主要的事实是天文学家开普勒在布拉格发现了星系运行的三大规律；特别是牛顿在数学、天文学、力学、光学等多方面卓越的贡献，使世界科学中心从意大利转移到了英国。20世纪60年代有科学史学家用重大科学成果的数目作为评价的标准，认为世界的科学中心开始于意大利，后又相继转移到英国、法国、德国、美国。我认为，这种结论是否正确并不重要，最值得关注的是世界科学中心形成的条件和变化的原因是什么，为什么是意大利成为了第

一个中心?

从伽利略博物馆走出，去欣赏米开朗基罗在佛罗伦萨的杰作，又到米兰参观达·芬奇科学艺术博物馆，还有意大利的世界第一所大学和殿堂一样的梵蒂冈博物馆，再想到“条条大道通罗马”的盛世，不难想到文艺复兴（也包括近代科学的诞生）首先出现在与希腊相邻的意大利，这是历史的必然。

当我展开拉斐尔的传世画卷《雅典学院》时（图4），总会想到古希腊，那是何等理性和智慧迸发的时代！哲学的思想、数学的语言、对世界的本源和宇宙结构的探讨等。但是科学不可能单兵独进，社会总是要在经济、政治、文化的协调中发展。希腊的文明终被罗马帝国的战火、蛮族的入侵以及宗教的查禁而损毁殆尽。如在希腊帝国末期建起的亚历山大城图书馆，收藏的古希腊70余万卷的学术经典几乎都在战乱中付之一炬。

图4 拉斐尔名画《雅典学院》

战乱后的修复与发展，人类探索与求知的本性，推动着人类文明的进步，也呼唤着对客观世界理性认知的回归。吴国盛教授在他的著作《科学的历程》

中写道："希腊学者在遭受罗马帝国基督教迫害时，大多来到了波斯和拜占庭。阿拉伯人征服波斯后，继承了这些希腊的学术遗产。在阿拉伯极盛时期，也从拜占庭那里获得了许多希腊书籍。""奖励翻译希腊学术著作"，倡导商业贸易和科学交流活动，形成了阿拉伯文化反哺欧洲文明、促进了欧洲的文明复兴运动。与此同时，随着意大利人文主义的兴起，以美第奇家族为代表的贵族王室，对伽利略、米开朗基罗等文艺复兴时期代表人物的大力支持和保护，近代科学的源头之水从意大利的佛罗伦萨流淌出来了。遗憾的是伽利略逝世了，意大利的世界科学发展中心地位也随之消失。在300年以后，意大利才出现了一位世界知名的核物理学家费米。

### 四、博物馆为何又如何展示历史

告别佛罗伦萨，我想到在欧洲参观科学博物馆时，发现只有两个著名的博物馆从创始初期到现在，内容基本未变。一是1798年开馆的巴黎工艺博物馆，二是1927年佛罗伦萨大学创办的伽利略博物馆。前者是世界工业革命过去30年之后，开始筹办的世界第一座科技工业博物馆。现在，这个馆的内容定格在了人类历史上那个伟大的时期，突出展现着那个时代工业产品的技术与人文、艺术的精妙结合。后者是展现近代科学的鼻祖伽利略站立文艺复兴潮头从事实验科学和著述的历程，以及他亲手制作并使用过的设备和取得的科研成果。

二者都是用真实的物品，见证了人类文明进程中两个不同的伟大时期的开始，它使后来者永远不能忘记科学技术发展的原点和初心。这让我认识到，在科技馆里展示那些具有里程碑意义的成果，特别是讲述那些彪炳千秋的人物和故事，弘扬他们探索与创新的精神和无私奉献的品格，应该成为科学博物馆展示内容永远留存的一部分。

# 在三地科学博物馆间的思考

这里说到的“三地”是欧洲、美国、日本。

当我在脑海里多次静静地回放那些参观过的域外博物馆各类影像时，总是强烈地感到现代科学类博物馆已远远超越了单纯展示的意义，也看到了一些国家、地区彼此间存在着建馆理念、内容和形式以及发展走向的差异，并在我的头脑里逐步产生了对当今世界科学类博物馆发展有代表性的三种不同状态的认识。虽然这种认识我一时难以说清是朦胧的印象还是一个理性的判断，但我确信不同国家或地区的科学博物馆如何建设，都与它们的历史文化相关，也都是馆如其“人”，是不同的世界观与价值观的反映。比较而言，中国的自然科学博物馆如何建设又该如何走上“内生式”的创新发展之路？希望我对上述“三地”一些国家科学博物馆发展走势的初步分析，能够让我国的科学博物馆发展有所借鉴。

## 一、欧洲人是在坚持传承过去、面向未来的发展方向吗

近现代意义上的科学源于欧洲，这是不争的史实。科学史学家把意大利视为最早出现的世界科学中心，后又相继转移到英国、德国、法国……与此同时，世界第一次工业革命首先在英国出现，随即科技风暴席卷整个欧洲。正是在这样的历史环境中，各类科学技术博物馆如雨后春笋般深深扎根在了欧洲的大地，并对世界博物馆的发展发挥了强大的引领作用。当我从英国的北部城市格拉斯哥著名的交通博物馆、人类学博物馆参观开始，一路向南，经过约克、曼彻斯特、利物浦、伯明翰，直到伦敦，所能看到无处不在的科学博物馆，都无一例外地显现出科学与技术发展的光辉历史（图1）。特别令我赞赏的是，

图1 展示欧洲工业革命的几个不同阶段

他们并没有把展示的内容定格在科技发展史上的某些阶段，而是能够正视后工业时代人类文明面临的诸多挑战与问题，几乎每一个现代科学博物馆都展示了在解决生态环境、循环经济以及清洁能源、新型材料、信息革命、太空探索等方面最新的探索成果，而且越来越多的科技博物馆的展教，都触及了科技工业发展与生态文明的关系问题。甚至可以说，当今世界，只有走入欧洲的一些科学与技术博物馆，才能全面领略250多年来，什么是科技进步与人类工业文明的历史画卷！

目前，已有专家以美国为例，认为世界传统的科技工业博物馆正在走向“科学中心化”。真是这样吗？我看，核心的问题要明确科学中心的概念是什么，不能认为科学中心就是没有科技史内容的互动和体验。对此，地处慕尼黑的德意志国家博物馆的思考和行动对我是一次很好的教育。那是3年前，我带着对在美国看到的几家科技工业博物馆衰败的印象，怀着几分疑虑走入了欧洲最有代表性的慕尼黑科技工业博物馆(亦称德意志国家博物馆)。让我未能想到的是，与我交谈的国际业务主管详细介绍了该馆下一步改造创新规划，并对未来充满信心。他认为，德意志国家博物馆的最大财富是拥有世界上独一无二的丰富的科技工业产品收藏，而这些收藏不同于一件件艺术品和历史文物，它们是在整体上浸透了人类在推进科技发展中的伟大智慧和创造(图2)。目前，博物馆与慕尼黑大学共同研究如何从科学社会学和思维科学的角度，在海量的馆藏中探究历史上科技发展的规律与特点，并以此创新博物馆的展示内容与形式。他认为，这是现代科学博物馆应有的一种精神与目标的传承。他也明确表示，不赞成芝加哥科学工业博物馆那种把传统展示与科学中心简单整合的做法。

看来，在现代科学博物馆如何对待科学历史的展示问题上，存在两种不同的思想。其结果将会如何？我们将拭目以待。

图2 展示欧洲科技发展的伟大智慧与创造

## 二、美国是否成功地建立了非政府主导下的科学博物馆发展模式

如果说芝加哥科技工业博物馆是美国国土上的第一座科学类博物馆，那么它的出现要比欧洲同类馆迟到了100多年。而美国的自然史博物馆的建立要比欧洲更晚一些。但是从19世纪后期至20世纪中叶，美国的各类自然科学博物馆获得了快速的发展。这种局面的出现并不是源于政府的计划，而多是来自个人的执着追求和政府与社会多方面力量的支持。一位美国人撰写的《美国博物馆——创新者和先驱》一书，较全面地记述了这方面的史实。近百年来，这种模式不仅没有出现弱化的倾向，相反随着管理体制和运行体制的不断完善而逐步得到了加强，各类博物馆也越办越好。其中的奥秘在哪里?

在美国(加拿大也如此)，到处可以听到博物馆或科学中心负责人提到的一个突出问题，就是如何得到社会多方面的资金支持。他们没有中国同行为提高公民科学素质而得到财政拨款，但我看到，这既是他们面对的挑战，也是推动事业发展的动力。因为经营管理者只有把博物馆办好，能够向公众提供优质的公共文化服务，成为大众业余文化生活的聚集地，才能吸引更多的人走入博物馆，获得更多的收入，也才会得到公司和各方面的重视与支持。因此，科学博物馆(科学中心)需要及时反映科技发展的动态并适应社会各种需要，他们要经常深入社区听取公众意见，也要与中小学校保持密切的联系，联手做好校外的科学教育等(图3、图4)。这就形成了科学博物馆与社会的良性互动机制，而且这种机制有效运作的基础是所有博物馆都形成了完善的理事会管理制度，各项工作职责界定明确：理事会负责筹措资金，任命馆长以及决定所有大政方针；馆长负责聘选员工和全馆的日常事务；全体员工担负着面向大众展教和各项服务工作。我们在美国的各类自然科学博物馆里，可以看到展示内容的更新率要比中国的同类馆高得多，而且更具有时代气息。我认为，这与他们现行的管理模式所焕发的生机活力不无关系。

图3 北美科学中心的普遍展示形式（1）

图4 北美科学中心的普遍展示形式（2）

## 三、日本人是把科学博物馆打造成公众与科学连接的桥梁吗

位于东京的日本科技未来馆建于21世纪的元年，因此，我把它视为日本同行对科学博物馆意义的最新理解与实践。通过实地考察与交谈，给了我一个新的启示：现代公众科学技术馆不仅是一个知识的空间，更主要的是激发和引导参观者的好奇、发问和思考，让科技馆成为公众与科技界对话的平台，成为国家科技发展与社会实践生活互动的纽带。例如，这个馆在“创造未来”的展示部分介绍了国内外35种前沿科技发展动向，让人们从目前探索的路径中想象创造未来的结果将是什么样子？一些人把畅想或意见写到留言簿上。科技未来馆每年要把上万条留言分类整理，分别送到不同的科研单位，与200多位各有学科专长的科技工作者建立了相对稳定的联络机制，并实现大众与专家多种形式的对话。在科技未来馆210多名工作人员中，专职面向大众又联系科技工作者的服务人员共有50人，他们自称为“传播员”。

实际上，在日本各类自然科学博物馆里，这种公众与场馆、科技研究部门以及公司企业的互动是普遍存在的。日本的知名大型企业如丰田、三菱、松下、日立等都有面向大众的科技馆，展示自己的科技产品和科研成果，也展示相关的基础科学，并定期开展与公众对话的互动项目（图5）。日本的各地自然博物馆不仅展示自然演化、地质与生物学的一般知识，更重视展示博物馆所在地周边山林、土层、水质以及水陆两地的生态变化。同时，我也看到了有的自然博物馆组织当地居民共同开展生态调研的情况。

这一切让我想到：现代科学博物馆是否正在引导公众成为国家科技发展的重要组成部分并发挥着不可替代的作用？

我坚信，中国自然科学博物馆的发展，以往经过的引进与模仿的道路已经走到了尽头；单纯引入北美模式、欧洲模式或是日本模式，都不符合中国的历史、文化与实际。只有把握国情，适应需求，并在已有30年实践经验基础上拥有世界眼光，坚持走出一条“内生式”的创新发展之路，才是我国自然科学博物馆的前途所在。

图5 丰田汽车博物馆展示的核心内容是创业史

# 末篇

# 游学中的思考

一次，听一位语言学家讲座，他首先问大家：谁知道在中国的语言里，为什么有“东游西逛”一词，而不是南游北逛？听众哑然。然后，他即开讲：中国的语言用词多有典故出处。两三千年前的中国先民沿着黄河流域从西向东探察，感到气候、人们的言语及生产生活方式、风俗习惯等都十分相似，上下游走一趟如同农忙后的赋闲，因此有了“东游西逛”这一词语。后来，在广袤的中国大地上南北交往越来越多，都感到彼此间不仅气候、语言差异较大，而且生活习俗、农业生产和手工制造业等都各有优势与特色，逐渐形成了往来不断的南北贸易和相互促进的局面，这就出现了“走南闯北”一词。这说明异地间不同的生产、生活方式的交流，一定会产生良性发展的互动。

过去数年，我先后去了10多个国家，参观过不到200家各种类型的博物馆。这虽然说不上我为中国的科技馆事业“走南闯北”，但也不是“东游西逛”，自觉如中国传统意义上的“游学”，开阔了眼界、长了些见识，更多的收获是在世界这个“大博物馆”里，让我产生了挥之不去的无尽疑惑与思考。在国外考察期间，每进入一个博物馆，我总习惯与国内比较；每遇到展示中的一个问题，也总试想着中国人的答案可能是什么？我知道，国内外必然存在一些不同，往往是异彩纷呈的“生态”本然，但也多有事业发展中认识与实践上的差异。我们该如何认识中国科学博物馆事业的特色发展与国际比较？实际上，上述思考我在以前的30篇文章里已有所表达，但又总觉得言犹未尽。因为，从国内到国外，不论跑多远道路、参观多少座博物馆、写多少篇的文章，都有一个不变的主题：怎样把中国的科学博物馆建设得更好。然而，我们仍在途中，疑问始终不少。因此，我把有关问题与个人的思考在这里写出来，以求解于业内同人，并希望对我国科技博物馆发展中遇到的一些基本问题能够获得更多的共识。

## 一、何谓一流的博物馆

近些年，全国各地的新馆建设方案莫不写入“争创一流”的文字，是定位在全省一流、还是全国或世界一流？国、省、市、县各级科技馆自有把握的分寸。但很值得关注的是，国内外并没有一流科技馆的标准，也没有评选的权威机构。一座科技馆建好了，算是几流？天知道。所以，所谓“建一流科技馆”，只是一个虚设的目标。据说，世界有关组织评选全球最有影响力的博物馆，主要看年度观众量，但以此为尺度评选出的若干家大馆的展出效果究竟如何？业内多有微辞。一篇文章反映了一位英国人的置疑：“我随着人流进入又走出大英博物馆，没有感到自己的头脑里又增加了什么新鲜有用的东西。”我去那里参观也似曾经历了这样的过程。但因此是否可以说“争一流的科技馆”就是个无意义的目标？当然不是。

所谓“争一流”，在中国的语境里已成为要做得最好的代名词，它是项目主管部门的要求和激励，也成为实施方的奋斗目标。对此，首要的是不应把“创一流”视为应景，不认真研究和探索怎样才能在同类场馆中做得最好。正是应景使一些新建馆从开始就走入了一个误区：要建一流的科技馆，就去被别人指点的国内外“一流馆”考察，然后把那些“一流的展品”记录下来，然后进行仿制和拼凑。实际上，靠模仿别人建馆的做法，从一开始就使自己陷入了“二流”的行列。而且，这是一种不可持续发展的模式。真正的一流科技馆应该从一开始就植根在自己所在的社会环境和大众需求之中，汲取国内外同类场馆的经验，走出一条自我发展与探索创新的道路。

在这里，我把各地的科技馆（科学中心）的定位设定在“国内外眼光，服务本地”之上的。这是因为科技馆基本上不是一个地方的文化旅游景点，而主要是面向本地公众进行科学文化传播和普及的设施。20年前，我第一次走出国门考察域外科技馆时，给我留下不能忘却的一个记忆：当我问及“对科技馆的考核指标是什么”时，对方明确地答道：“重复参观率。”今天，重新思考这组问答的意义，可以说“何谓一流的科技馆？”仍需要公众作出评判。特别值得引起注意的是，能够乐此不疲、多次参观科技馆的人，一定是生活在科技馆所在地。他们把这里视为可以终身学习科学文化的地方。

## 二、什么是科技馆的理念

理念，本来是哲学中一个多义的词语。但在每一座科技馆建馆方案文本中都要提出所谓理念，其意义是要回答在理性的思考中，为什么要建这座科技馆？它的本质特征和要实现的价值目标是什么？大而言之，理念是行为主体要树起一面世界观、价值观的旗帜。可见，确定了理念也就确定了科技馆的发展方向。在10多年前的一次行业会议上，针对我国科技馆事业发展的形势，我曾引用印第安人的一句谚语说：“不要走得太快，要等等灵魂。”我认为这里所说的灵魂与理念有相同意义，就是我们要始终明确科技馆的发展从哪里来，要到哪里去。

近10年，随着考察域外博物馆数量与国别的增多以及对理念的理解加深，我逐渐感到有两个问题更显重要。

一是，科学博物馆的灵魂或理念要有一个不断提升和更新的过程，这也是自身不断发展的过程。早期所有的自然科学博物馆的基本理念，都是通过自然和人造实物的展示向大众传播科学知识的；1937年巴黎发现宫的建立是世界科技博物馆发展理念上的一次重大突破，它在传承场馆普及科学知识的同时，开创了启迪人们智慧、注重传播科学思想和方法；20世纪后期，随着西方世界“STS”（科学、技术与社会）哲学思想的出现和英国“公众理解科学”的提出，各国科技馆越来越重视展示科技进步与社会文明的关系；特别让我惊奇地看到，一些有资历的老馆开始进入科学发展规律的研究；不同类别的科学博物馆的传统界线已经被打破；越来越多的博物馆开始重视科学与艺术与人文的融合。这一切变化，都是科技馆建馆理念上的不断创新。

二是，我认为中国的科学类博物馆与世界上一些优秀场馆的差距，不在规模，也不在展品，而是中外建馆理念上的差距。这是一个很值得反思的问题，它反映了社会发展中的不同文化基础。我们的一些科技馆虽然也有理念研究，但多跟随潮流、宏大叙事、回答笼统，或把精力聚焦在展品上，缺乏对本国、本地社情和大众需求的深入了解和把握。我在这方面的感受已在对美国、日本和欧洲一些国家的“考察印象”中已有所反映，这里就不赘述了。

## 三、我们该如何打造各具特色的中国科技馆

当我们初步掌握了国内科技馆发展情况，怀着本国快速发展的几分欣慰走出国门，去参观不同国家城市里的科技馆，最突出的感觉是国外场馆的各具特色与国内模式化的“众馆一面”形成鲜明的对比。由此，让我想到生物学中关于“生态”的概念，动物和植物的多样性反映了生态的生机和活力；相反，物种的稀少或单一，潜伏着生态的危机。科技馆的发展是否与世间万物有着同样的道理，多样性、差异化的存在，构成了彼此间既制约又相辅相成的关系？我认为答案是肯定的。

何谓生态？生态是生物在不同的自然环境条件下，各自生存发展的状态和相互关系。全世界各地的科技馆也是各自不同的社会环境中的产物。有人认为，科学既然是全世界的“一元文化”，科技馆就可以彼此模仿。这种观点是错误的或起码是不全面的。是的，任何一类博物馆都应该是一种文化的呈现和传播，科技馆旨在面向大众有效地传播科学文化，而科学文化又是一个很宽泛的概念，这主要表现在：科学本身就就是一种文化，这种文化包括了诸多的学科与领域；在科学基础上产生的工程技术以及运用各种科学技术在人类社会中取得的无数精神与物质成果，都可以称为科学文化。因此，科技馆的展示内容可以是有关科技的信息、知识、技术、工艺、产品或者某种生活方式，也可以是有关科技发展的过去、现在、未来以及揭示科技发展与社会经济、政治、文

化、与自然界的关系，等等。在如此广阔的科学文化天地里，每一座科技馆该如何确定自己的内容和不同的表现形式？我所看到的域外科技馆案例，无不是将科学与时代、与本地的历史、文化、教育、经济社会发展以及本地的自然生态相结合，并做出自己的特色。

例如，我所看到的北美一些科学中心，偏重于对青少年的科技创新教育；欧洲一些国家的科学博物馆彰显了各自的历史，也反映了当代科技发展的方向；日本的公共教育，更重视面向现实社会的发展；等等。因此，我国科技馆的发展不能只是照搬域外一两个国家的模式。最近看到《移民多天才之奥秘》的一篇文章受到启发，文章引出的结论是“认识文化多样性有助于解放心智”（The awareness of cultural variety helps set the mind free）[①]。我们需要学习借鉴域外博物馆的经验，但一定要守住自己的灵魂，做出中国的特色。

**四、科学博物馆可续发展的管理体制与运行机制是什么**

中国社会在过去30多年的时间里发生了翻天覆地的变化，人民生活水平显著提高，城乡面貌焕然一新，经济总量已跃升为世界的第二位。变化有多种因素，但根本是国家实施了改革开放的政策，改变了过去30多年经济管理运行的体制，而且改革将继续深化，人们企盼着创造新的奇迹。这一切，也带动了中国科学博物馆事业的快速发展，并在发展的速度和规模上，正在进入世界各国的前列。但与世界先进国家相比，我国的科学博物馆和全国的经济发展存在着同样的问题，这就是总体质量水平与发达国家还有一定的差距。存在问题的原因可能在多个方面，就我国科学博物馆的发展而言，管理体制和运行机制的落后，已成为越来越重要的因素。

这方面与国外比较，我认为国内外科学博物馆投入发展与运行管理的差

① 移民多天才之奥秘［J］. 英语世界，2017（5）.

异，主要表现在是单一的、还是复合多元的运行平台。在国外，各类博物馆的发展是政府与社会多种资源的结合，主体可能是政府，也可能是个人代表；运行经费多渠道筹措，制定了相关的配套政策；普遍推行了以政府为主导、由多方代表参加的理事会管理制度；博物馆的创新发展是以本馆为主体，发挥专业公司和专家团队的作用；等等。

应该看到，中国科学博物馆的现行管理体制与运行机制，体现了国情和社会基础，并在一定的历史时期内有其存在的必然和正确性，也因此推动了现代历史上中国科技事业蓬勃发展的局面。但深入改革是我国各项事业持续发展的必然要求，也是我国科学博物馆事业更快更好发展的必然选择。根据中国社会规划发展顶层设计的有关要求，也要总结自身发展的经验、借鉴国外的做法，至少要在如下几个方面有所突破和创新。

一是坚决执行中共中央第十九次全国代表大会明确提出的要求，在各类自然科学博物馆积极推进理事管理制度。科学博物馆是全社会的公共科学文化服务设施，如何体现好它的公众性、公益性、科学性和服务性，一定要有政府、学校（教育部门）科学工作者、社区居民和馆方领导者等方面的代表参加。理事会应当对博物馆的发展方向、服务水平、财务状况、主要人员任免奖惩等重要事项及时研究提出意见，真正体现公共文化服务设施的社会属性。

二是强化人员管理，重在培养人才、激励先进，建立调动员工队伍从业积极性的有效机制。国外科学博物馆创新发展的主体是自己，这已形成共识，不是一个需要争论的问题。主要依靠自己的力量创新发展，起码是在目标方向上，这已成为任何一座科学博物馆的责任和应有的能力。用旧金山探索馆管理者的话说：我们已经有了几十年的办馆的经验，最了解公众需要什么样的展教内容。这一点，目前在我国还难以做到，往往出现国内科技馆的建设或更新改造要请国内的公司参与，而这些公司又与国外科技馆联手承担设计和制作的尴尬局面。特别是现代科学类博物馆的生存是一个不断创新发展的过程，要求科技馆自身能够不断地发现问题、更新改造展品或提出设立临时展项。所以，我深切地感到，国内外科技馆之间的差距在展品、在理念，根本上还是决定于人才队伍的建设。我这样讲，绝不是否定依靠社会多方面力量办馆和相关企业在办馆中的作用。

三是国内外科技馆越来越重视与社会有关部门和不同博物馆之间建立互动机制。科技馆与中小学校联手对少年儿童进行不同内容与形式的科学教育，特别在国外已成为普遍的长效机制。美国和欧洲一些国家的科学博物馆长期注重与居民社区保持密切的联系，征询他们对展品的更新改造意见，社区群众也经常有组织地参观博物馆。同时，科学博物馆也邀请社会有关组织、部门利用博物馆平台向社会传播科学文化。

为适应科技的快速发展和社会需求的变化，各地科技馆自主创新的展品将越来越多。而许多展品在一个馆的展出又有一定的时效性，因此，如何在馆际间建立起集成资源、合理交流的机制已经提上了议事日程。

## 五、如何加强我国科学博物馆发展的学术建设

科学博物馆学术建设将是我们长期艰巨的任务。因为这是指导科学博物馆各种实践活动的思想基础。

在中国，博物馆是域外的舶来品，尤其自然科学类博物馆在过去较长的一段时间里，基本上是走过了一条向国外学习与国内彼此模仿发展的道路，缺乏自己的创新和特色，这是当前我国科学博物馆发展中的短板。要改变这种状况，就不能只是学着别人的创造亦步亦趋地进行改造，而主要是靠自己对科学博物馆的理解和感悟，去开创中国科学博物馆发展的新时代。

孔子说自己三十而立、四十而不惑，并渐渐步入“知天命”“耳顺”“从心所欲而不逾矩”的境界，这是一个不断认清人生道理的过程。年轻时，我在S城工作，有机会向一位姓常的老师傅学太极拳。数年以后，一招一式已像模像样了，此时我要去B城工作。与师傅分手时，他郑重其事地对我说：要把“太

极”练下去，修炼到最高的境界是“得意忘形”。他可能怕我不解其意，又解释了许多，大意是：太极，要得其要义而不苛求形体动作的一律，因为每个人的体质、年龄不一样，要让肢体动作与气血运行相协调，一个人独自领悟修炼的效果更好，云云。后查辞典，看到“得意忘形”确有两种释义，所以古人有言：得意忘形还朴去，或是从教人笑不风流。这里讲的“意”是指事物的本质，也即中国人讲的“道”，要返璞归真求得真理。这样才能独领风骚，而不是没有头脑地人云亦云。

我认为各类博物馆的建设也是同样道理。例如，我在本书中介绍罗马城里的21世纪艺术博物馆，开始进入时对看不到一位名人的艺术品很不理解，但边看边想，逐步领悟到，人类社会哪有脱离生活的艺术？新世纪的艺术博物馆就要推进艺术与科技、人文社会的融合，艺术就在你身边的各种生活之中。我们的每一座自然科学博物馆的建设是否也应做到“得其意而忘其形”呢？当然，这里讲到的“意”与“形”，就是可以忘掉传统或已有的展教模式，在真正把握一座现代科学博物馆的本质特征和价值目标追求，即所谓“意”的基础上，去创新各具特色的展示内容和形式。现代科学博物馆的本质特征和价值追求主要包括如下几个方面的含义。

一是内涵的广义性。科学博物馆的理论基础不单一建立在自然科学或是社会科学之上，而是融通了自然科学、社会科学和思维科学三大科学领域，属于科学社会学范畴里的一门学问。特别是在科学已经渗透到社会生活方方面面的当代，各类科学博物馆必然要成为一个反映科学是源于社会实践的发现，又服务于社会实践需要的平台，这是科学博物馆的本质特征。这个平台在内涵上，显然也是一个无边界的领域，每一座博物馆的内容建设如何进行选择，这就要靠建设者的决策和智慧了。

二是功能目标的多元性。每一座科学博物馆都要向公众普及与主题内容相关的通识性科学知识；要结合展项实际活动传播科学的思想和方法，以启迪人们探索创新的智慧；要培养人们进行科技制作的技能和应用能力；要提高公众理解科学的能力，认识并能正确处理科学与社会的关系；等等。而这一切又都是在能够激发公众兴趣的同时进行的。这是对科学博物馆设计建设者提出的最大挑战。

三是服务社会的时代性。任何一座科学博物馆都处在发展的过程之中，它要随着科技与社会的不断进步而更新，做到与时俱进，为当代社会发展服务，这是科学博物馆区别其他类博物馆的突出特征，也是自身的生命和灵魂。

# 后记

从2014年开始，我就职的中国科协—清华大学科技传播与普及研究中心，约我为研究中心内部编印的《科技传播与普及动态》写几篇考察国外博物馆的随笔，并为此开设了一个名曰《域外博物馆专栏》的栏目，随后我又加上了“纪实与感言”五个字，表明以向业内同人传播和分享有关国外自然科学博物馆的信息为目的。那时并无出书之意。

当《科技传播与普及动态》陆续刊出八九篇文章以后，我确实感到再写下去困难越来越大了，因为每一篇文章不能只是走马灯式的行程记录，也要有每一座自然科学博物馆的特色介绍与自己对自然科学博物馆建设的思考，这就向我有限的考察工作与能力提出了挑战。我几次提出就此收笔，但同事刘兵教授如一位严厉的老师要求学生一定完成作业一样，近乎逼我继续写下去。是的，我自己也认为已有的文字还不足以构建哪怕是一个小小的张望世界的窗口，而中国自然科学博物馆的发展又太需要知己知彼了。渴望了解国外更多博物馆情况的愿望，促使我又先后四次走上了去往欧洲和日本的路程，为我钟情的事业穿行在各个博物馆之间，获得了一些新的成果，并以此为基础，又续写了二十余篇纪实与感言，融入了我的所见所思。其中的一些文章已在《科学教育与博物馆》《中国科学报》上发表。

近日，当这些短篇即将汇集出版的时候，回想起前期的奔波与劳作不过四年的光景，却在悄然间让我意识到：任何人的生命与追求都在不断改变着自己的生存空间与关注点，包括个人的追求、兴趣以及思维方式。与过去长时间的生活状态相比，自己现在更喜欢阅读、思考和书写，也希望有更多的机会与同

事就共同关注的学术问题以及如何将它们付诸实践进行研讨，等等；几十年个人职业、职务变换以及与之相应的称谓都已成为过去，现在如果能够真正成为一位学者（实为永远的学生）和老师就是终生最高的荣誉了，这也是生活中的又一次转折吧！

其实，人生都似航行在江河中的船，虽然方向不变，但会经过多次转折。我已经过了大半人生，也感受到了渡过转折之处并不轻松，却也是苦乐同在，既需要本人接受难得的磨炼，也少不了别人的帮助。如同这次完成的工作，我深知没有刘兵老师真诚的指点与热情鼓励是难以实现的。我的写作方式仍习惯于用笔，如果用计算机低速敲字写作，总会干扰思考。无奈，我的整个文稿都是一字字地书写完成，然后再送给夫人由她录入电脑，上演着“夫妻开荒”的场景。其间，陆欣、王晓宇、孙莹如天使般及时为我补充了一些必要的资料；文稿的配图、编审等工作得到了张光斌、王若谷、沈敏、岳丽媛、王永伟等同事默契而愉快的配合。当然，后续进行的出版工作还会给相关人员带来不少麻烦。这里，我一并向他们表示衷心的感谢！

2017年10月15日